民族文字出版专项资金资助项目
青藏高原特色作物绿色种植技术（汉藏对

སྲན་ནག་ལྗང་མདོག་འདེབས་འཛུགས་ལག་རྩལ།
豌豆绿色种植技术

《豌豆绿色种植技术》编委会　编
《སྲན་ནག་ལྗང་མདོག་འདེབས་འཛུགས་ལག་རྩལ》རྩོམ་སྒྲིག་ཨུ་ཡོན་ལྷན་ཁང་གིས་བསྒྲིགས།
扎西才让　译
བཀྲ་ཤིས་ཚེ་རིང་གིས་བསྒྱུར།

青海人民出版社

图书在版编目（CIP）数据

豌豆绿色种植技术：汉藏对照 /《豌豆绿色种植技术》编委会编；扎西才让译 . -- 西宁 : 青海人民出版社，2024.7
（青藏高原特色作物绿色种植技术）
ISBN 978-7-225-06720-9

Ⅰ . ①豌… Ⅱ . ①豌… ②扎… Ⅲ . ①豌豆—蔬菜园艺—无污染技术—汉、藏 Ⅳ . ① S643.3

中国国家版本馆 CIP 数据核字（2024）第 078663 号

青藏高原特色作物绿色种植技术

豌豆绿色种植技术（汉藏对照）

《豌豆绿色种植技术》编委会　编

扎西才让　译

出 版 人	樊原成
出版发行	青海人民出版社有限责任公司 西宁市五四西路 71 号　邮政编码：810023　电话：（0971）6143426（总编室）
发行热线	（0971）6143516/6137730
网　　址	http://www.qhrmcbs.com
印　　刷	青海雅丰彩色印刷有限责任公司
经　　销	新华书店
开　　本	890mm × 1240mm　1/32
印　　张	4.625
字　　数	92 千
版　　次	2024 年 7 月第 1 版　2024 年 7 月第 1 次印刷
书　　号	ISBN 978-7-225-06720-9
定　　价	25.00 元

《豌豆绿色种植技术》编委会

主　　编：胡小朋　李雪洁

副 主 编：陈晓霞　王　蓉

编写人员：王泽荣　李玉成　梁育杰　刘汉婷

《སྲན་ནག་ལྗང་མདོག་འདེབས་འཛུགས་ལག་རྩལ》

རྩོམ་སྒྲིག་ཞུ་ཡོན་ལྷན་ཁང་།

གཙོ་སྒྲིག་པ། ཧུའུ་ཞའོ་ཕུན། ལི་ཞའོ་ཅེ།

གཙོ་སྒྲིག་གཞོན་པ། ཁྲིན་ཞའོ་ཞི། ཝང་རོང་།

རྩོམ་འབྲི་མི་སྣ། ཝང་ཙེ་རོང་། ལི་ཡུས་ཁྲིན། ལིང་ཡུས་ཅེ། ལུའི་ཧན་ཐིན།

目　录

MU　　LU

དཀར་ཆག

第一章　概　　述

第一节　概　　况

一、形态特征

豌豆，豆科一年生攀援草本，高 0.5 ～ 2 米。全株绿色，光滑无毛，被粉霜。叶具小叶 4 ～ 6 片，托叶比小叶大，叶状，心形，下缘具细牙齿。小叶卵圆形，长 2 ～ 5 厘米，宽 1 ～ 2.5 厘米；花于叶腋单生或数朵排列为总状花序；花萼钟状，深 5 裂，裂片披针形；花冠颜色多样，随品种而异，但多为白色和紫色，雄蕊（9+1）两体。

子房无毛，花柱扁，内面有髯毛。荚果肿胀，长椭圆形，长 2.5 ～ 10 厘米，宽 0.7 ～ 1.4 厘米，顶端斜急尖，背部近于伸直，内侧有坚硬纸质的内皮；种子 2 ～ 10 粒，圆形，青绿色，有褶皱或无，干后变为黄色。花期 6 ～ 7 月，果期 7 ～ 9 月。

二、生长环境

豌豆为半耐寒性作物，喜温和湿润的气候，不耐燥热。豌豆为长日照作物，喜温，抗旱性差。豌豆对泥土的适应性较广，对土质要求不高，以保水力强、通气性好并富含腐殖质的沙壤土和壤土最适宜。pH 值为 6.0 ～ 7.2。

三、产区分布

豌豆原产地中海和中亚地区，主要散布在亚洲和欧洲。中国主要分布在中部、东北部等地区。主要产区有四川、河南、湖北、江苏、青海和江西等多个省区。

豌豆是青海省山旱地区的主要倒茬作物和良好的牲畜饲料，也是酿粉业的主要原料，主要分布在东部农业区的湟中、大通、乐都、民和、化隆和互助等区县的浅山旱地，海南、海西、海北和黄南等地也有少量分布。

四、生产现状

青海省豌豆类型分为硬荚豌豆和蔬菜豌豆两种，大面积种植的是硬荚豌豆，当前生产上的主推品种有硬荚豌豆草原号系列、菜用型豌豆阿极克斯等。主推技术以选用良种、豌豆深种、抗旱保水剂应用、配方施肥、病虫害综合防治等为主。1990 年前种植面积在 60 万亩左右。伴随种植业结构调整，豌豆种植面积逐年减少，2012 年全省豌豆种植面积下降到 15.5 万亩，比 20 世纪 80 年代末的 57.9 万亩减少了 42.4 万亩。豌豆平均亩产 100 ~ 150 千克，最高亩产在 200 千克以上，一般商品率在 65% 左右。

五、主要价值

（一）食用价值

鲜嫩的茎稍、豆荚、青豆是备受欢迎的淡季蔬菜。干豌豆的加工精细磨粉，选用光滑圆粒豌豆做原料，采用特定机结合工艺将豌豆粒的种皮、子叶和胚芽三部分分离，然后分别磨粉，得到食用纤维粉、子叶粉和胚芽粉。种皮部分磨成的食用纤维粉可用做面包或营养食品中食用纤维的添加剂，改善食品膨化性，促进人体消化功能。子叶粉和胚芽粉在制作婴儿食品、保健食品和风味食品方面用途很广，既是常用的天然乳化剂，又是赖氨酸增强剂。另外，干豌豆还可以提取豌豆浓缩蛋白，豌豆蛋白粉可做面包等食品的增强剂，提高其蛋白质含量和生物价，还可制作粉丝、发豌豆苗等。青豌豆和食荚豌豆的加工可制作罐头、脱水、速冻。其中速冻青豌豆和食荚豌豆是欧美和东南亚国家普遍食用的豆类蔬菜。豌豆小食品可制作豌豆黄、豌豆糕类食品，特点是香甜可口，益脾胃，解热祛毒。豌豆食品具有清热、解毒、利尿的功效，特别是对糖尿病和产后乳汁不下的患者有奇特药效，也可制作烙炸类休闲食品。

（二）营养价值

豌豆具有较全面而均衡的营养。豌豆籽粒由种皮、子叶和胚构成。其中干豌豆子叶中所含的蛋白质、脂肪、碳水化合物和矿质营养分别占籽粒中这些营养成分总量的96%、77%、89%。胚虽含蛋白质和矿质元素，但在籽粒中所占的比重极小。种皮中包含了种子中大部分不能被消化利用的碳水化合物，其中钙磷的含量也较多。据报道，豌豆蛋白的生物价（BV）为48% ~ 64%，功效比（P.E.R）为0.6 ~ 1.2，高于大豆。

（三）药用价值

豌豆味甘、性平，归脾、胃经，具有益中气、止泻痢、调营卫、利小便、消痈肿、解乳石毒之功效。对脚气、痈肿、乳汁不通、脾胃不适、呃逆呕吐、心腹胀痛、口渴泻痢等病症，有一定的食疗作用。

豌豆性味甘平，有和中下气、利小便、解疮毒的功效。豌豆煮食能生津解渴、通乳、消肿胀。豌豆研末涂患处，可治痈肿、痔疮。青豌豆和食荚豌豆含丰富的维生素C，可有效预防牙龈出血，并可预防感冒。

第二节　豌豆品种类型

一、宁豌 1 号

（一）品种来源

宁豌 1 号由青海省农林科学院作物育种栽培研究所于 1973 年以 71088 为母本，以菜豌豆 –4 为父本经有性杂交选育而成。1994 年 11 月，通过青海省农作物品种审定委员会审定，品种合格证号为青种合字第 003 号。2019 年 1 月，通过宁夏农作物品种审定委员会审定，定名为宁豌 1 号，品种合格证号为宁农种审证字第 9417 号。

（二）特征特性

春性、晚熟品种，生育期 120 天。幼苗半直立、绿紫红色，株高 130 ~ 160 厘米。高茎、淡绿色，茎上覆盖蜡被，有效分枝 1 ~ 2 个。复叶绿色，由 2 ~ 3 对小叶组成，小全缘，长椭圆形，托叶绿色，有缺刻，小叶、托叶剥蚀斑少，托叶腋有花青斑。花深紫红色，旗紫红色、翼瓣深紫红色、龙骨瓣淡色。硬荚，马刀形，鲜荚绿色，成熟淡黄色。种皮绿色有紫色斑点，圆形，粒径 0.7 ~ 0.78 厘米，子叶橙黄色，种脐褐色。单株荚数 14 ~ 18 个，单株粒数 36 ~ 40 粒，单株粒重 8.4 ~ 10.4 克，百粒重 21.24 ~ 23.2 克。粒淀粉含量 43.74%，粗蛋白含量 23.78%。较抗根腐病，抗旱性强，耐寒。

（三）产量表现

一般产量为 200 千克 / 亩。1987 年，在乐都县李家乡交界湾种植 3.75 亩，平均产量为 200.1 千克 / 亩。1989 年，在乐都县马营乡高、中位浅山种植 2911 亩，平均产量为 212 千克 / 亩。

（四）利用价值

粒大、皮厚、淀粉含量高，是适于芽苗菜制作、淀粉加工的粒用型品种。

（五）栽培要点

3月下旬至4月中下旬播种，播种量15千克/亩，播种密度5.5万～7万株/亩，株距3～6厘米，行距20厘米。注意苗期防治潜叶蝇和地下害虫为害。

（六）适宜地区

适宜青海省低位山地和中位浅山及我国北方豌豆区种植。

二、无须豌171

（一）品种来源

无须豌171由青海省农林科学院作物育种栽培研究所于1990年以无须豌为母本，Ay55为父本经有性杂交选育而成，原代号90–17–1。2001年12月，通过青海省农作物品种审定委员会审定，定名为无须豌171，品种合格证号为青种合字第0162号。食苗型品种。

（二）特征特性

春性，中熟品种。幼苗直立，绿色。复叶绿色，由3～4对小叶组成，小叶锯齿，长椭圆形，小叶剥蚀斑少，托叶明显，托叶腋无花青斑。高茎，淡绿色，茎上覆盖蜡被，株高130～150厘米，有效分枝1～3个。花白色，旗瓣、龙骨瓣、翼瓣均为白色。硬荚，刀形，青荚绿色，成熟荚黄色。籽粒白色，圆形，粒径0.36～0.44厘米，种脐淡黄色。单株荚数22～26个，单株110～124粒，单株粒重20.5～26.7克，千粒重183.2～217.8克。籽粒淀粉含量51.38%，粗蛋白含量22.66%；鲜苗粗蛋白含量5.06%，可溶性糖分含量3.53%，维生素C含量190毫克/100克。生育期109天。较抗根腐病和白粉病。

（三）产量表现

一般干籽粒产量为 200 ～ 260 千克 / 亩，2001 年在海南州共和县恰卜恰乡索吉亥村种植 0.2 亩，产量为 253.2 千克 / 亩，鲜苗产量为 800 ～ 1500 千克 / 亩。2001 年，在西宁马坊西杏园村种植 0.25 亩，鲜苗产量为 1462.2 千克 / 亩。

（四）利用价值

鲜苗绿色、肥嫩，是适于鲜食的苗用型品种。

（五）栽培要点

3 月下旬至 4 月中下旬播种，每亩播种量 15 千克，播种密度 5 万～ 6 万株 / 亩，株距 24 厘米，行距 20 厘米，每隔 1 行种 2 行。有灌溉条件的地区在始花期和结荚期浇水 1 ～ 2 次，摘苗期间结合浇水追施纯氮 45 ～ 60 千克 / 亩，分期播种，分期摘苗，出苗后 30 ～ 35 天采摘，每隔 4 ～ 5 天采摘一次。注意苗期防治潜叶蝇和地下害虫为害。

（六）适宜地区

适宜青海省东部农业区水浇地种植。

三、阿极克斯

（一）品种来源

阿极克斯由青海省农林科学院作物育种栽培研究所于 1982 年从上海市农科院引进（原产地新西兰），经多年混合选育而成，原名阿极克斯。1998 年 3 月，通过青海省农作物品种审定委员会审定，定名为阿极克斯，品种合格证号为青种合字第 0120 号。罐藏型品种。

（二）特征特性

春性，中熟品种。幼苗直立，深绿色。复叶深绿色，长椭圆形，由 2 ～ 3 对小叶组成，小叶锯齿，小叶剥蚀斑少，托叶剥蚀斑明显，托叶绿色，有缺刻，托叶腋无花青斑。半矮茎，淡绿色，茎上覆盖蜡被，株高 70 ~ 90 厘米，有效分枝 1 ~ 3 个。花白色，旗瓣、龙骨瓣、翼瓣均为白色。硬荚，直形，青荚深绿色，成熟荚黄白色。鲜籽粒绿色，干籽粒皱形，淡绿色或绿色，子叶绿色，粒径 0.7 ~ 0.8 厘米，种脐浅黄色。单株荚数 15 ~ 18 个，单株 70 ~ 100 粒，单株粒重 12 ~ 18 克，干籽粒千粒重 190 ~ 220 克。干籽粒淀粉含量 40.41%，粗蛋白含量 24.98%，粗纤维含量 6.74%；鲜籽粒可溶性糖分含量 6.43%，粗蛋白含量 5.72%，维生素 C 含量 45.46 毫克 /100 克。籽粒煮熟后不裂皮，青豆粒烹饪后鲜绿。生育期 107 天。抗倒伏，抗根腐病和白粉病。

（三）产量表现

一般干籽粒产量为 200 ~ 250 千克 / 亩，鲜粒产量为 500 ~ 600 千克 / 亩。

（四）利用价值

鲜籽粒种皮和子叶翠绿色，是适于制罐、速冻保鲜的粒用型品种。

（五）栽培要点

3 月下旬至 4 月中下旬播种，每亩播种量 15 千克，播种密度 5 万 ~ 6.5 万株 / 亩，株距 36 厘米，行距 25 ~ 30 厘米，有灌溉条件的地区在初花期和灌浆期灌水 1 ~ 2 次，结合灌水追施尿素 30 ~ 60 千克 / 亩，随浇水冲施氯化钾 60 ~ 75 千克 / 亩。注意苗期防治潜叶蝇和地下害虫为害。

（六）适宜地区

适宜青海省东部农业区中、高位山旱地，海西、海南农业区种植。

四、草原 276

（一）品种来源

草原 276 由青海省农林科学院作物育种栽培研究所于 1985 年

以阿极克斯为母本，A695为父本经有性杂交选育而成，原代号86-276。1998年11月，通过青海省农作物品种审定委员会审定，定名为草原276，品种合格证号为青种合字第0119号。

（二）特征特性

春性，中熟品种。幼苗直立，绿色。复叶全为卷须，托叶绿色，有缺刻，托叶剥蚀斑明显，托叶腋无花青斑。半矮茎，淡绿色，茎上覆盖蜡被，株高65 ~ 75厘米，有效分枝1 ~ 3个。花白色，旗瓣、翼瓣、龙骨瓣均为白色。硬荚，直形，青荚绿色，成熟荚黄白色。种皮白色，圆形，粒径0.8 ~ 0.9厘米，子叶橙黄色，种脐浅黄色。单株荚数16 ~ 18个，双荚率71.0% ~ 81.6%，单株38 ~ 58粒，单株粒重14.7 ~ 18.5克，千粒重267.7 ~ 284.9克。籽粒淀粉含量50.63%，粗蛋白含量24.69%。生育期105天。抗倒伏，较抗根腐病和白粉病，抗旱性较差。

（三）产量表现

一般产量为250 ~ 300千克/亩，1997年在青海省民和县和乐都县试种后，产量在300千克/亩以上。

（四）利用价值

粒大、白圆粒，淀粉和粗蛋白质含量高，是适于膨化、淀粉加工的粒用型品种。

（五）栽培要点

3月下旬至4月中下旬播种，每亩播种量15 ~ 17.5千克，播种密度5.5万 ~ 7.5万株/亩，株距3 ~ 6厘米，行距20厘米；始花期和灌浆期及时灌水。注意苗期防治潜叶蝇和地下害虫为害。

（六）适宜地区

适宜青海省东部农业区水地和柴达木灌区种植及我国北方豌豆区种植。

五、草原 20 号

（一）品种来源

草原 20 号由青海省农林科学院作物育种栽培研究所于 1990 年从美国引进的高代品系 Ricqrdo 中，经多年系统选育而成，原代号 Ay749。2005 年 1 月，通过青海省农作物品种审定委员会审定，定名为草原 20 号，品种合格证号为青种合字第 0193 号。

（二）特征特性

春性，中熟品种。幼苗直立，绿色。复叶绿色，由 2 ~ 3 对小叶组成，小叶锯齿，长椭圆形，托叶腋无花青斑。矮茎，淡绿，茎上覆盖蜡被，株高 50 ~ 60 厘米，有效分枝 2 ~ 3 个。花白色，旗瓣、龙骨瓣、翼瓣均为白色。硬荚，刀形，青荚绿色，成熟荚淡黄色。干籽粒绿色，圆形，粒径 0.45 ~ 0.55 厘米，种脐淡黄色。单株荚数 15 ~ 20 个，单株 45 ~ 65 粒，单株粒重 15.2 ~ 23.2 克，干籽粒千粒重 240 ~ 280 克。干籽粒淀粉含量 47.4%，粗蛋白含量 20.82%；鲜籽粒粗蛋白含量 7.69%，可溶性糖分含量 2.74%，维生素 C 含量 31.4 毫克 /100 克。抗倒伏，中等耐旱。生育期 102 天。

（三）产量表现

一般干籽粒产量为 200 ~ 220 千克 / 亩，2003 年在海南州共和县恰卜恰镇种植 0.2 亩，产量为 213.5 千克 / 亩；鲜粒产量为 800 ~ 1000 千克 / 亩。2003 年在青海省农林科学院作物所试验地种植 0.17 亩，产量为 825.7 千克 / 亩。

（四）利用价值

籽粒种皮和子叶绿色、圆粒，是适于制罐、膨化、速冻保鲜的粒用型品种。

（五）栽培要点

3 月下旬至 4 月中下旬播种，每亩播种量 15 千克，播种密度 5 万 ~ 6 万株 / 亩，株距 36 厘米，行距 25 ~ 30 厘米。有灌溉条件的地区在始花期和结荚期浇水1～2次，注意苗期防治潜叶蝇和地下害虫为害。

（六）适宜地区

适宜在青海省川水地和低、中位山旱地及柴达木灌区种植。

六、草原2号

（一）品种来源

草原2号由青海省农林科学院作物育种栽培研究所于1995年对新西兰进口商品豆经多年系统选育而成。2004年2月，通过青海省农作物品种审定委员会审定，品种合格证号为青种合字第0176号。

（二）特征特性

春性、中熟品种，生育期103天。幼苗直立、绿色，株高60～75厘米。矮茎、淡绿，茎上覆盖蜡被，有效分枝1～2个。复叶绿色，由3～4对小叶组成，小叶锯齿，长椭圆形，托叶腋无花青斑。花白色，旗瓣、龙骨瓣、翼瓣白色。硬荚，刀形，青绿色，成熟黄色。干籽粒绿色，近圆形，粒径0.8～0.9厘米，种脐淡绿色。单株荚数30～35个，单株粒数225～235粒，单株粒重18.2～26.2克，百粒重31～33.1克。干籽粒淀粉含量47.63%，粗蛋白含量24.28%，可溶性糖分含量6.41%。抗倒伏，中等耐旱。

（三）产量表现

一般干籽粒产量为270～375千克/亩，2001年在青海省农林科学院作物所试验地种植0.45亩，产量为374.8千克/亩。

（四）利用价值

鲜籽粒种皮和子叶绿色，是适于制罐、膨化、速冻保鲜的粒用型品种。

（五）栽培要点

3月中旬至4月上旬播种，播种量15千克/亩，播种密度5万～

6万株/亩，株距2 ~ 4厘米，行距20 ~ 25厘米。有灌溉条件的地区在始花期和结荚期浇水1 ~ 2次，注意苗期防治潜叶蝇和地下害虫为害。

（六）适宜地区

适宜在青海省川水地和低、中位山旱地及柴达木灌区种植。

七、草原22号

（一）品种来源

草原22号由青海省农林科学院作物育种栽培研究所于1988年从台湾省引进的高代品系中，经多年系统选育而成，原名荷兰豆。2005年12月，通过青海省农作物品种审定委员会审定，定名为草原22号，品种合格证号为青种合字第0208号。

（二）特征特性

春性，中晚熟品种。幼苗直立，深绿。复叶深绿，由2 ~ 3对小叶组成，小叶全缘，卵圆形，托叶深绿，有缺刻，小叶无剥蚀斑，托叶中等，托叶腋无花青斑。矮茎，绿色，茎上覆盖蜡被，株高70 ~ 90厘米，有效分枝1 ~ 2个。花白色，旗瓣、龙骨瓣、翼瓣均为白色。硬荚，刀形，成熟荚淡黄色。籽粒绿色，近圆形，粒径0.6 ~ 0.7厘米，种脐淡黄色。单株荚数11 ~ 20个，单株55 ~ 105粒，单株粒重11.3 ~ 22.3克，干籽粒千粒重196.2 ~ 223.2克。干籽粒淀粉含量47.72%，粗蛋白含量23.87%，粗脂肪含量0.878%；鲜籽粒粗蛋白含量7.12%，可溶性糖分含量2.32%，维生素C含量36.9毫克/100克。生育期113天。

（三）产量表现

一般干粒产量为180 ~ 210千克/亩，2004年在海南州共和县恰卜恰镇种植0.2亩，产量为210千克/亩；鲜籽粒产量为800 ~ 1000千克/亩。2003年在青海省农林科学院作物所试验地种植0.17亩，产量为825千克/亩。

（四）利用价值

籽粒种皮和子叶绿色，是适于制罐、膨化、速冻保鲜的粒用型品种。

（五）栽培要点

3月下旬至4月中下旬播种，每亩播种量10 ~ 12千克，播种密度5万 ~ 6万株/亩，株距3 ~ 6厘米，行距25 ~ 30厘米。有灌溉条件的地区在始花期和结荚期浇水1 ~ 2次。注意苗期防治潜叶蝇和地下害虫为害。

（六）适宜地区

适宜在青海省水地、中位山旱地种植。

八、草原23号

（一）品种来源

草原23号由青海省农林科学院作物育种栽培研究所于2000年从英国引进的有叶豌豆，经系统选育而成。2005年12月，通过青海省农作物品种审定委员会审定，定名为草原23号，品种合格证号为青种合字第0209号。

（二）特征特性

春性，中晚熟品种。幼苗直立，绿色。复叶全部变为卷须，托叶绿色剥蚀斑少，托叶腋无花青斑。矮茎，淡绿色，茎上覆盖蜡被，株高74 ~ 84厘米，有效分枝2 ~ 4个。花白色，旗瓣、龙骨瓣、翼瓣均为白色。硬荚，刀形，青荚绿色，成熟荚黄色。籽粒皱，绿色，近圆形，粒径0.7 ~ 0.8厘米，种脐淡黄色。单株荚数19 ~ 25个，单株115 ~ 125粒，单株粒重47 ~ 55克，干籽粒千粒重315 ~ 325克。籽粒淀粉含量44.87%，粗蛋白含量22.6%，粗脂肪含量1.43%，可溶性糖分含量6.4%。生育期110天。抗倒伏性较强，耐旱性、耐寒性中等。

（三）产量表现

一般产量为 270 ~ 375 千克 / 亩，2004 年在青海省农林科学院作物所试验地种植 11 亩，产量为 445 千克 / 亩。

（四）利用价值

鲜籽粒种皮和子叶绿色，超大粒，是适于制罐、膨化、速冻保鲜的粒用型品种。

（五）栽培要点

3 月下旬至 4 月上旬播种，每亩播种量 15 ~ 18 千克，播种密度 5.5 万 ~ 6 万株 / 亩，株距 2 ~ 4 厘米，行距 20 ~ 25 厘米；始花期和结荚期浇水 1 ~ 2 次。注意苗期防治潜叶蝇和地下害虫为害。

（六）适宜地区

适宜青海省东、西部农业区有灌溉条件的地区种植。

九、青荷 1 号

（一）品种来源

青荷 1 号由青海省农林科学院作物育种栽培研究所于 1985 年以 77-5-13 为母本，甜大荚为父本经有性杂交选育而成，原代号 86-8-4-0307-3。1996 年 11 月，通过青海省农作物品种审定委员会审定，定名为青荷 1 号，品种合格证号为青种合字第 0106 号。菜用型品种。

（二）特征特性

春性，中熟品种。幼苗直立，绿色。复叶深绿，由 2 ~ 3 对小叶组成，小叶全缘，椭圆形，小叶剥蚀斑明显，托叶腋无花青斑。矮茎，绿色，茎上覆盖蜡被，株高 67 ~ 90 厘米，有效分枝 1 ~ 3 个。花白色，旗瓣、龙骨瓣、翼瓣均为白色。软荚，剑形，青荚绿色，长 11.6 ~ 12.4 厘米，宽 2.9 ~ 3.1 厘米，成熟荚淡黄色。籽粒灰绿色，子叶绿色，椭圆形，粒径 0.8 ~ 0.9 厘米，种脐淡黄色。单株 12 ~ 18 荚，单株 51 ~ 101 粒，干籽粒千粒重 250 ~ 320 克，单株粒重

15 ~ 29 克，百粒重 25.32 克。鲜荚粗蛋白含量 3.16%，可溶性糖分含量 5.05%，维生素 C 含量 51.86 毫克 /100 克。生育期 108 天。较抗倒伏，较抗根腐病。

（三）产量表现

一般干籽粒产量为 130 ~ 170 千克 / 亩，1992 年在青海省农科院作物所试验地种植 0.2 亩，产量为 172.2 千克 / 亩，鲜荚产量为 860 ~ 1530 千克 / 亩。1995 年在西宁朝阳祁家城种植 0.15 亩，产量为 1290 千克 / 亩。

（四）利用价值

鲜荚无硬皮层，绿色，适于鲜食、速冻保鲜的荚用型荷兰豆品种。

（五）栽培要点

3 月下旬至 4 月中下旬露地播种，每亩播种量 5 ~ 10 千克，播种密度 2 万 ~ 3 万株 / 亩，行距 30 ~ 40 厘米，每种 4 ~ 5 行空 50 厘米；保护地播种密度 1.6 万 ~ 1.7 万株 / 亩。在苗高 30 ~ 40 厘米时搭架，初花期和结荚期灌水 1 ~ 2 次，防止土壤过干过湿。豆粒灌浆中期采摘青荚，勿在地湿时采摘，以免烂根早枯。注意防治白粉病。

（六）适宜地区

适宜青海省东部农业区种植。

十、甜脆 761

（一）品种来源

甜脆 761 由青海省农林科学院作物育种栽培研究所于 1990 年从美国华盛顿州立大学引进的高代品系 244219 中，经多年系统选育而成，原代号 Ay761。1999 年 11 月，通过青海省农作物品种审定委员会审定，定名为甜脆 761，品种合格证号为青种合字第 0145 号。菜用型品种。

（二）特征特性

春性，中熟品种。幼苗直立，绿色。复叶绿色，由 2 ~ 3 对小叶组成，小叶锯齿，卵圆形，小叶和托叶剥蚀斑明显，托叶绿色，有缺刻，托叶腋无花青斑。高茎，绿色，茎上覆盖蜡被，株高 170 ~ 180 厘米，有效分枝 1 ~ 3 个。花白色，旗瓣、龙骨瓣、翼瓣均为白色。软荚，联珠形，青荚绿色，长 10.0 ~ 12.2 厘米，宽 1.8 ~ 2.4 厘米，成熟荚黄白色。籽粒黄绿色，近圆形，粒径 0.6 ~ 0.7 厘米，种脐浅黄色。单株 11 ~ 19 荚，单株 64 ~ 82 粒，单株粒重 14.1 ~ 18.7 克，干籽粒千粒重 216.5 ~ 233.3 克。干籽粒淀粉含量 46.75%，粗蛋白含量 23.97%；鲜荚粗蛋白含量 2.86%，可溶性糖分含量 6.56%，维生素 C 含量 53.14 毫克 /100 克。生育期 106 天。

（三）产量表现

一般干籽粒产量为 130 ~ 170 千克 / 亩，1998 年在西宁市朝阳村种植 0.5 亩，产量为 163.3 千克 / 亩；鲜荚产量为 875 ~ 1025 千克 / 亩。1999 年在西宁市大堡子镇种植 0.4 亩，产量为 1025 千克 / 亩。

（四）利用价值

鲜荚无硬皮层、绿色、甜脆，是适于鲜食、速冻保鲜的荚用型甜脆品种。

（五）栽培要点

3 月下旬至 4 月中下旬露地播种，每亩播种量 5 ~ 10 千克，播种密度 2 万 ~ 2.2 万株 / 亩，行距 30 ~ 60 厘米，每种 2 ~ 3 行空 60 厘米；保护地播种密度 1.8 万 ~ 2 万株 / 亩。在苗高 30 ~ 40 厘米时搭架，初花期、结荚期和终花期灌水 1 ~ 3 次，开花后 20 天左右开始采摘青荚，每 3 ~ 4 天采摘一次，勿在地湿时采摘，以免烂根早枯。注意苗期防治潜叶蝇和地下害虫为害。

（六）适宜地区

适宜在青海省东部农业区种植。

十一、成驹 39

（一）品种来源

成驹 39 由青海省农林科学院作物育种栽培研究所于 1992 年从上海农科院引进（原产地日本），经多年混合选育而成，原名成驹 39。2004 年 2 月，通过青海省农作物品种审定委员会审定，定名为成驹 39，品种合格证号为青种合字第 0177 号。菜用型品种。

（二）特征特性

春性，中晚熟品种。幼苗直立，淡绿。复叶淡绿，由 2 对小叶组成，小叶锯齿，卵圆形，小叶无剥蚀斑，托叶腋无花青斑。高茎，淡绿，茎上覆盖蜡被，株高 150 ~ 170 厘米，有效分枝 3 ~ 5 个。花白色，旗瓣、龙骨瓣、翼瓣均为白色。软荚，剑形，青荚绿色，成熟荚淡黄色。籽粒白色，近圆形，粒径 0.3 ~ 0.4 厘米，种脐黄色。单株 20 ~ 32 荚，双荚率 54% ~ 58%，单株 37 ~ 67 粒，单株粒重 3.8 ~ 7 克，干籽粒千粒重 137 ~ 207 克。干籽粒淀粉含量 48.78%，粗蛋白含量 22.79%；鲜荚粗蛋白含量 2.56%，可溶性糖分含量 5.57%，维生素 C 含量 52.36 毫克 /100 克。生育期 110 天。

（三）产量表现

一般干籽粒产量为 150 ~ 200 千克 / 亩，2002 年在海南州共和县恰卜恰乡索吉亥村种植 0.2 亩，产量为 180 千克 / 亩，鲜荚产量为 800 ~ 1500 千克 / 亩。2002 年在西宁市朝阳祁家城种植 0.1 亩，鲜荚产量为 1640 千克 / 亩。

（四）利用价值

鲜荚无硬皮层、绿色，是适于鲜食、速冻保鲜的荚用型小荚荷兰豆品种。

（五）栽培要点

3 月下旬至 4 月中下旬播种，每亩播种量 15 千克，播种密度 5 万 ~ 6 万株 / 亩，株距 5 ~ 10 厘米，行距 20 厘米，每隔 1 行种 2 行；

在苗高 30 ~ 40 厘米时搭架，有灌溉条件的地区在始花期和结荚期浇水 1 ~ 2 次，摘鲜荚期间结合浇水，每亩追施纯氮 3 ~ 4 千克；分期播种，分期摘，出苗后 50 ~ 60 天采摘，每隔 4 ~ 5 天采摘一次。注意苗期防治潜叶蝇和地下害虫为害。

（六）适宜地区

适宜青海省东部农业区水地及柴达木盆地种植。

十二、草原 10 号

（一）品种来源

1966 年，利用钴 60（γ 射线 20000 伦琴）照射绿色草原豌豆干籽，从诱发突变的黄色籽粒株系中选育而成。1984 年 11 月，通过青海省农作物品种审定委员会审定，定名为草原 10 号，品种合格证号为青种合字第 054 号。

（二）特征特性

春性，晚熟品种。幼苗半直立，淡绿色。复叶绿色，由 2 ~ 3 对小叶组成，小叶剥蚀斑少，托叶剥蚀斑明显，托叶腋花青斑不明显。矮茎，淡绿色，茎上无蜡被，株高 34 ~ 45 厘米。花紫红色，旗瓣淡紫色，龙骨瓣淡绿色，翼瓣深紫色。硬荚，直形，青荚淡绿色，成熟荚淡黄色。籽粒具褐纹紫斑，鼓形，粒径 0.6 ~ 0.8 厘米，子叶淡黄色，种脐浅褐色或黑色。单株 14 ~ 20 荚，单株 62 ~ 81 粒，千粒重 225.3 ~ 238.7 克，单株粒重 13.1 ~ 16.9 克。籽粒淀粉含量 53.01%，粗蛋白含量 25.26%。生育期 130 天。抗旱性强，较抗根腐病和白粉病。

（三）生产能力和适宜地区

一般每亩产量 134 ~ 167 千克。适宜在青海省东部农业区民和、乐都等地及中位山旱地种植。

（四）栽培要点

3 月下旬至 4 月中上旬播种，每亩播种量 15 千克，播种密度

5万 ~ 6万株 / 亩。注意苗期防治潜叶蝇和地下害虫为害。

十三、草原 12 号

（一）品种来源

草原 12 号由青海省农林科学院 1969 年以（大青豆 × 尼泊尔）F1 代为母本，5–7–8 为父本经有性杂交选育而成。原代号 69–13–2。1988 年 7 月，通过青海省农作物品种审定委员会审定，定名为草原 12 号，品种合格证号为青种合字第 0070 号。

（二）特征特性

春性，晚熟品种。幼苗半直立，绿紫红色。复叶绿色，由 2 ~ 3 对小叶组成，小叶全缘，阔椭圆形，小叶剥蚀斑少，托叶剥蚀斑明显，托叶腋有花青斑。高茎，淡绿色，茎上覆盖蜡被，株高 150 ~ 180 厘米。花紫红色，旗瓣淡紫色，龙骨瓣淡绿色，翼瓣深紫色。硬荚，直形，青荚绿色，成熟荚淡黄色。籽粒具褐纹紫斑，圆形，粒径 0.6 ~ 0.8 厘米，子叶淡黄色，种脐浅褐色或黑色。单株 14 ~ 20 荚，单株 62 ~ 80 粒，千粒重 225.3 ~ 238.7 克，单株粒重 13.1 ~ 16.9 克。籽粒淀粉含量 53%，粗蛋白含量 25.26%。生育期 130 天，抗旱性强，较抗根腐病和白粉病。

（三）生产能力和适宜地区

一般每亩产量 150 ~ 200 千克。适宜在青海省低、中位山旱地种植。

（四）栽培要点

3 月下旬至 4 月中下旬播种，每亩播种量 15 千克，播种密度 5 万 ~ 6 万株 / 亩。注意苗期防治潜叶蝇和地下害虫为害。

十四、草原 11 号

（一）品种来源

草原 11 号由青海省农林科学院和互助县农技推广中心于 1968 年以 5–7–8 为母本，扁茎豌豆为父本经有性杂交选育而成。1994

年 8 月，通过青海省海东地区农作物品种审定委员会审定，定名为草原 11 号，品种合格证号为东种合字第 006 号。

（二）特征特性

春性，晚熟品种。幼苗半直立，淡绿。复叶绿色，由 2 ~ 3 对小叶组成，小叶全缘，长椭圆形，小叶剥蚀斑少，托叶剥蚀斑明显，托叶腋无花青斑。茎高，淡绿，茎上覆盖蜡被，株高 134 ~ 158 厘米。花白色，旗瓣、龙骨瓣、翼瓣均为白色。硬荚，直形，青荚淡绿色，成熟荚淡黄色。籽粒白色，圆形，子叶淡黄色，种脐淡黄色。单株 5 ~ 8 荚，单株 20 ~ 40 粒，千粒重 220 ~ 230 克，单株粒重 8.3 ~ 15.9 克。籽粒粗蛋白含量 23.98%。生育期 130 天。较抗根腐病，较耐寒。

（三）生产能力和适宜地区

一般每亩产量 140 ~ 180 千克。适宜在青海省低、中位山旱地种植。

（四）栽培要点

3 月下旬至 4 月中上旬播种，每亩播种量 15 千克，播种密度 5 万 ~ 6 万株 / 亩。株距 3 ~ 6 厘米，行距 25 ~ 30 厘米。注意苗期防治潜叶蝇和地下害虫为害。

十五、草豌 1 号

（一）品种来源

草豌 1 号由青海省农林科学院和乐都县农技推广中心从国外品种 1360 中系统选育而成。1994 年 8 月，通过青海省海东地区农作物品种审定委员会审定，定名为草豌 1 号，品种合格证号为东种合字第 007 号。

（二）特征特性

春性，早熟品种。幼苗直立，淡紫红色。复叶绿色，由 2 ~ 3 对小叶组成，小叶全缘，长椭圆形，小叶剥蚀斑少，托叶剥蚀斑明显，托叶腋花青斑明显。矮茎，淡绿，茎上覆盖蜡被，株高 50 ~ 70 厘米。花紫红色，旗瓣粉色，龙骨瓣淡绿色，翼瓣深紫色。硬荚，直形，青荚淡绿色，成熟荚淡黄色。籽粒淡紫褐色，近圆形，粒径 0.6 ~ 0.8 厘米，子叶淡黄色，种脐浅褐色。单株 5 ~ 8 荚，单株 25 ~ 40 粒，干粒千粒重 210 ~ 230 克，单株粒重 6.2 ~ 11.2 克。籽粒淀粉含量 39.8%，粗蛋白含量 24.21%。生育期 80 天。较抗根腐病，较耐寒。

（三）生产能力和适宜地区

复种一般每亩产量 100 ~ 150 千克。适宜在青海省东部农业区的黄河、湟水河流域热量条件好的水地复种。

（四）栽培要点

复种适期播种，每亩播种量 15 千克，播种密度 5 万 ~ 6 万株 / 亩。株距 3 ~ 6 厘米，行距 25 ~ 30 厘米。注意苗期防治潜叶蝇和地下害虫为害。

十六、草原 224

（一）品种来源

草原 224 由青海省农林科学院 1973 年以 71088 为母本，菜豌豆为父本经有性杂交选育而成，原代号 74-5-22-4。1994 年 11 月，通过青海省农作物品种审定委员会审定，定名为草原 224，品种合格证号为青合字第 0083 号。

（二）特征特性

春性，晚熟品种。幼苗半直立，绿紫红色。复叶绿色，由 2 ~ 3 对小叶组成，小叶全缘，长椭圆形，托叶绿色，有缺刻，小叶、托叶剥蚀斑少，托叶腋有花青斑。茎高，淡绿色，茎上覆盖蜡被，株高 130 ~ 160 厘米。花深紫红色，旗瓣紫红色，翼瓣深紫红色，龙骨瓣淡绿色。硬荚，马刀形，青荚绿色，成熟荚淡白黄色。种皮绿色有紫色斑点，籽粒圆形，粒径 0.7 ~ 0.8 厘米，子叶橙黄色，种脐浅褐色。单株 4 ~ 9 荚，单株 36 ~ 40 粒，千粒重 212.4 ~ 233.2

克，单株粒重 8.4 ~ 10.4 克。籽粒淀粉含量 43.74%，粗蛋白含量 23.78%。生育期 120 天。较抗根腐病，抗旱性强，耐寒。

（三）生产能力和适宜地区

一般每亩产量为 200 千克。适宜在青海省低位山旱地和中位山旱地种植。

（四）栽培要点

3 月下旬至 4 月中下旬播种，每亩播种量 15 千克，播种密度 5.5 万 ~ 7 万株 / 亩，株距 3 ~ 6 厘米，行距 20 厘米。注意苗期防治潜叶蝇和地下害虫为害。

十七、甜脆

植株矮生，株高约 40 厘米，茎直立，1 ~ 2 个分枝。斑白色，单株结荚 10 ~ 12 个，荚圆棍形，荚长 7 ~ 8 厘米，直径 1.2 厘米，单荚重 6 ~ 7 克。嫩荚淡绿色，质地脆嫩，味道甜蜜，每荚有种子 6 ~ 7 粒，成熟时千粒重 200 克左右，早熟，播后 70 天左右开端收嫩荚，适于华北、东北、华东、西南地区种植。

十八、草原 31

植株蔓生，株高 1.4 ~ 1.5 米，分枝少。斑白色，单株结荚约 10 个，荚长 14 厘米，宽 3 厘米，每荚有种子 4 ~ 5 粒，成熟时千粒重 250 ~ 270 克。对日照反应不敏感，全国大部分地区均可栽培。适应性强，较抗根腐病、褐斑病。

十九、京引 8625

植株矮生，株高 60 ~ 70 厘米，1 ~ 3 个分枝。荚圆柱形，荚长约 6 厘米，宽 1.2 厘米，嫩荚肉厚，质地脆嫩，品质极佳，每荚有种子 5 ~ 6 粒，成熟时种子绿色，千粒重约 200 克，适应性强，采收期长。

二十、灰豌豆

植株矮生，茎直立，中空。种子圆形，灰绿色，外表略粗糙，上有褐色花斑，千粒重约 140 克。20 ～ 25℃下播后 2 天可出苗，幼苗长势强，10 天后可长到约 15 厘米。叶嫩质脆，品质极佳，对温度适应性广，在低温、高温条件下均可栽培，本品种适宜进行豌豆苗的集约化生产。

二十一、中豌 8 号

株高约 50 厘米，茎叶淡绿色，斑白色，硬荚，花期集中。籽粒黄白色,种皮光滑,圆球形。单株结荚 7 ～ 11 个,荚长 6 ～ 8 厘米,宽 1.2 厘米,厚 1 厘米,每荚有种子 5 ～ 7 粒,干豌豆千粒重约 180 克,鲜青豆千粒重约 350 克，青豆出粒率约 47%，早熟，亩产青荚 400 ～ 500 千克，抗干旱、寒性强。适于华北、东北、西北地区种植。可作青豌豆、芽菜，也可粮用或饲用。

第二章　豌豆耕作栽培技术

第一节　豌豆栽培技术

一、豌豆栽培要求

（一）栽培制度

豌豆忌连作。连作后，可对后茬豌豆造成毒害作用，并加重病虫害的发生，因此，豌豆通常要与其他作物轮作。白花品种比紫花品种更忌连作，其轮作年限需更长。豌豆也可与其他作物混作和间作。

（二）土地选择

豌豆栽培对泥土的要求较低，有利于幼苗成活及作物生长即可。因此，土层深厚、泥土盐碱程度较轻、肥力中等的土地均可种植。

（三）松土施肥

播种后要浅松土数次，以提高地温促进根生长，苗健壮，秋播栽培的，越冬前进行一次培土，越冬保温防冻，开春后及时松土除草，提高地温。豌豆开花前，浇小水追速效性氮肥，加速植株生长，促进分枝，随后松土保墒。茎部开始坐荚时，浇水量稍加大，并追磷、钾肥。结荚盛期土壤要经常保持润湿。保证果荚发育所需水分。结荚后期，豆秧封垄，减少浇水。蔓性种植株高 30 厘米时，开始支架。豌豆分批采收，每采收 1 次追 1 次肥。

（四）补漏追肥

出苗后及时查苗补缺，中耕除草 1 ～ 2 次。重施苗期追肥，尤其是未施或少施基肥的田块，一般每亩追施复合肥 5 ～ 7.5 千克或尿素 5 千克或腐熟人粪尿 1000 千克。高秆品种在春季气温回升后、植株开始伸长时，将带梢小竹或带分枝的树枝（去叶片）插在行间，以便豆株攀缘生长。豌豆不耐水渍，春季要注意清沟排水。开花结荚时所需养分多，每亩施尿素 7.5 千克，三元复合肥 5 千克。鼓粒期喷施 1% 尿素和 0.3% 磷酸二氢钾 2 次。

（五）适时收获

根据食用方式决定收获时间。一般粒用豌豆于开花后 15 ～ 18 天籽粒饱满时采收，干豌豆于 70% ～ 80% 豆荚枯黄时收获，菜豌豆在开花后 12 ～ 14 天嫩荚现籽不现粒时采收，豌豆苗在播后 30 天左右苗高 18 厘米时采顶端嫩梢，用作饲料的在盛花期收获，用作绿肥的在收荚果后及时翻压。

二、豌豆栽培技术

（一）播前准备

1. 精细整地，合理轮作

豌豆播种前适当深耕细耙，疏松土壤，有利于根系发育，促进幼苗健壮。豌豆忌连作，常用于轮作、间作和混作。

2. 土壤处理

播前用氟乐灵 100 ～ 150 克兑水 30 千克，进行土壤处理，防治燕麦草。

3. 选用良种

青海省在豌豆生产上的主推品种有草原 23、草原 24、阿极克斯等。

4. 合理施肥

豌豆以施基肥为主，应重施有机肥。一般要求亩施有机肥 1 ～

2 立方米，尿素 3 千克，磷酸二氢铵 6 ～ 8 千克。

（二）适时播种

1. 播种时间和方法

豌豆幼苗耐寒，种子萌发和出苗需要的温度较低，应抓住有利时机适时早播。一般川水地区在 3 月中旬、浅山地区在 3 月中下旬、脑山地区 4 月上旬播种为宜。豌豆播种方式有条播、点播和撒播三种方式。

2. 合理密植

豌豆一般亩播种量 12 ～ 15 千克，播深 5 ～ 8 厘米。条播行距 25 ～ 40 厘米，点播穴距 10 ～ 20 厘米，每穴 2 ～ 4 粒种子。

（三）田间管理

1. 中耕除草，根外追肥

豌豆苗期生长较慢，覆盖度小，需中耕除草，后期茎叶繁茂匍匐，不宜中耕。开花结荚期采用根外喷施磷、硼和锰等微量元素，有明显的增产效果。一般每亩喷施 0.5% 的尿素和 0.1% 硼酸混合液 50 ～ 75 千克，喷 1 ～ 2 次。结荚至鼓粒期可结合防治蚜虫，每亩用 0.15 千克乐果，0.1 千克硼酸，0.5 千克尿素，0.1 千克磷酸二氢钾，兑水 50 千克的混合液进行叶面喷施 1 ～ 2 次，间隔 8 ～ 10 天喷一次。

2. 加强病虫害防治

豌豆主要病害有锈病、白粉病、褐斑病和根腐病等；主要虫害有蚜虫、潜叶蝇和豌豆象等。

防治方法：一是选用感病轻的品种。二是采取药剂防治。每亩用 50% 多菌灵可湿性粉剂 0.15 千克，兑水 20 ～ 30 千克进行田间喷雾防治 2 ～ 3 次，可控制锈病的蔓延。幼苗受潜叶蝇为害时，用 40% 氧化乐果、吡虫啉、阿维菌素 600 倍液甲维盐于幼虫时期喷防 1 ～ 2 次，一般上午 8 ～ 11 时喷施。幼虫从虫道中钻出时用药效果好。生物防治可释放姬小蜂、潜蝇茧蜂等。

（四）适时收获

一般在80%以上豌豆荚成熟时收获为宜。对易裂荚的豌豆品种，植株的豆荚有75% ~ 80%成熟时为收获适期，收获时间宜在早上露水未干时进行，收后及时脱粒。

第二节 大田（露地）豌豆栽培技术

一、轮作

合理轮作不仅能提高豌豆本身的产量和品质，而且也能改善土壤结构和土壤肥力，为后茬作物创造良好的土壤环境有助于后作产量和品质的提高。豌豆是忌连作作物，原因有三：一是豌豆根系分泌有毒物质；二是豌豆根系分泌的有机酸过多，影响根瘤菌的生长发育；三是连作田块的种子和幼苗易感染土壤中积累的果胶分解菌和线虫。豌豆连作或轮作周期较短时，病虫害易发生，产量降低，品质下降，一般豌豆轮作单产为200 ~ 300千克，连作第二年、第三年、第四年的产量分别减到98 ~ 147千克（减产51%）、24 ~ 36千克（减产88%）、16 ~ 24千克（减产92%）。据报道，白花豌豆比紫花豌豆更忌连作，农谚说："花豌豆、隔年种，白豌豆、忌连种"，正是这个道理。一般与麦类、薯类、油料、蔬菜轮作，中位浅山实行3年以上轮作，高位浅山实行4年以上轮作。

二、土壤耕作

土壤耕作是保持适于豌豆根系和根瘤生长发育的土壤环境，包括翻耕、耙耱或平整等。应在前作收后立即秋耕，以熟化土壤接纳雨水，秋雨过后适时耙耱保墒，使土层疏松深厚，保水保肥，有助于深扎根，增强根瘤菌活性。

三、施肥

（一）有机肥

有机肥能源源不断地提供养分，还能改良土壤结构，提高土壤保水性和改善通气状况，促进根瘤生长，提高根瘤菌活力。亩产450千克以上的高产田块一般施有机肥3000 ~ 4500千克/亩；亩产150 ~ 250千克的中产田块一般施有机肥1500 ~ 3000千克/亩。

（二）氮肥

由于根瘤菌固定的氮素能满足豌豆生长期所需氮素总数的60% ~ 70%，其余30% ~ 40%的氮素从土壤中吸收，因此除苗用豌豆结合灌水多施氮肥保持叶苗嫩绿外，粒用、荚用豌豆不施大量氮肥。

氮一般作底肥、种肥施入，在中等以下肥力水平的地块施1 ~ 2千克/亩纯氮，出苗—始花—终花—成熟三个时期分别需氮0.4 ~ 0.8千克/亩、0.59 ~ 1.18千克/亩、0.01 ~ 0.02千克/亩，中等或以上肥力水平的地块一般不施氮肥，否则会影响根瘤菌固氮能力，引起贪青晚熟。缺氮的症状表现为根系和地上部生长受抑制，株矮、直立而瘦弱，叶片小而黄，花很小，叶早衰，从下往上脱落。

（三）磷肥

磷一般作底肥，和有机肥混合施用，手溜时集中施犁沟，再溜种，省肥又增产，条播机播种时，磷肥和种子混匀随种子施入作为种肥，以4 ~ 6千克/亩为准，出苗—始花—终花—成熟三个时期分别需磷肥1.2 ~ 1.8千克/亩、1.44 ~ 2.16千克/亩、1.36 ~ 2.04千克/亩。

施磷能增加苗期株高，根瘤数，地上部鲜重和干重。因此，磷肥能有效增加豌豆的生物产量和干籽粒产量。缺磷的症状表现为叶片呈浅蓝绿色，无光泽，早枯，植株矮小，花少，迟熟，影响果实形成和种子灌浆。

（四）钾肥

钾肥作基肥，和有机肥、磷肥施入，施用量 1.3 ～ 2 千克 / 亩有效成分，出苗—始花—终花—成熟三个时期分别需 0.78 ～ 1.2 千克 / 亩、0.3 ～ 0.46 千克 / 亩、0.22 ～ 0.34 千克 / 亩。钾肥有壮秆抗倒伏和增强植株耐旱力的作用。缺钾的症状表现为植株矮小，节间缩短，叶缘褪绿，老叶变褐枯死，叶卷缩。

（五）钙肥

豌豆除氮、磷、钾肥以外，还吸收大量的钙肥。北方土壤富含钙素不需要施钙肥。钙肥能降低土壤酸性，有利于根瘤菌的生长。缺钙的症状表现为叶脉附近出现小的、红色的轻微下陷，向外发展到全叶，植株生长差，幼茎、花柄和叶组织枯萎，根瘤生长不利，籽粒品质差。钙过多会使种皮过于致密，产生“石豆”或“硬豆”。

四、播种

（一）选种

新品种的选用是增产的主要措施之一。购买或换新品种时必须了解新品种的来源、适宜范围、产量等情况，还应注意种子的生产时间、含水量、发芽率、生产单位、有效期等。种子播前 2 ～ 3 天晒种，通过筛、选、拣剔除小、虫蛀、破损、霉烂等粒，也可用 1.5 千克盐加水 5 千克的盐溶液浸泡预选的种子，剔除受虫害和霉烂的籽粒，选用中大粒种子，尤其菜用豌豆种子欠饱满，种皮破裂率高，发芽率和发芽势均低于普通豌豆，据试验证明，同一品种的三组百粒重分别为 338 克、273 克、216 克的种子的发芽率分别为 92%、88%、85%。因此，播前选用均匀、饱满、种皮完好的种子播种为好。

（二）播种时间

豌豆能耐低温，幼苗对霜冻反应小，应适时早播，特别是浅山地区，早播可充分吸收土壤中的水分，早出苗，能顺利通过低温春化阶段，延长营养生长期，为丰产打下基础。浅山3月底至4月上旬播种，脑山4月中上旬播种。

（三）播种方式

“干种豆，湿种麦”，地太湿时由于豌豆种子吸水多，易腐烂，影响发芽率。

播种时应改撒播（浮子多，不发，影响出苗，并浪费种子）为穴播、手溜，有条件的地区应条播，这样覆土厚度一致，种子均匀，出苗整齐，节省种子，锄草方便。

（四）播种深度

以5～7厘米为准，低、中位浅山略深一些，在春旱严重时种子可充分吸收土壤深层的水分，早膨胀早发芽。

（五）播种量

粒用、苗用型品种播种量15千克/亩，每亩保苗5万～6万株、行距25～35厘米。荚用品种播种量4～8千克/亩，每亩保苗2万～2.5万株。

五、田间管理

田间管理包括中耕除草、搭架、灌溉、追肥等措施。

中耕除草苗期1～2次，苗高5～7厘米（3～4片真叶）时除头草，以松土为主，苗高10～13厘米（7～8片真叶）时除二草，以除草为主。中耕除草有利于消灭杂草和疏松土壤，给植株生长和根瘤发育创造良好的土壤环境。

荚用品种应在苗高30～40厘米时搭架，起垄种植的每垄搭“人”字形架，留出垄沟做水沟和走道，不起垄宽窄行种植的每两行搭“人”字形架，留出空行做走道，这样植株攀绕直立生长，透光透气好，结荚多，青荚商品性好，产量高，便于采摘灌水包括苗水、花水、荚水（粒膨大期）。苗水过多，土易板结，对根系发育不利。豌豆花芽分化较晚，分化期较短，在孕蕾开花时需水最多，所以豌豆有“苗期多水，容易倒伏，晚期多水，易贪青晚熟”之说，而且试验证明花水比苗水增产 93%，故有“麦浇芽，豆浇花”的农谚。因此花水最为关键。

结合浇水或降雨，在出苗差、苗弱的地块每亩追施 1 ~ 2 次尿素 2 ~ 5 千克，苗用品种和荚用品种根据采摘期及时浇水、追肥。

六、收获

收获应视不同用途品种具体处理，干粒用豌豆应在叶片发黄，70% ~ 80% 的豆荚枯黄时收获，植株要阴干，以免日晒、雨淋使籽粒褪色。鲜籽粒用豌豆应在荚浆完好、豆粒甜的未熟阶段收获。荚用豆收获视加工或烹调要求或市场需求而定，一般在豆荚灌浆中后期收获，此时种子糖含量高，味甜，分期分批采摘，保证豆荚品质。半无叶豌豆品种应在叶片发黄，70% ~ 80% 的豆荚枯黄，选择晴天的上午豆荚略微潮湿时用收割机收获，以免碰撞豆荚，掉荚掉粒。

第三节　保护地豌豆栽培技术

在青海省豌豆保护地栽培包括日光温室和塑料大棚两种方式，主要以苗用型和荚用型品种的栽培为主，其关键技术在于品种搭配、播种方式及生长期内的温度控制和病虫害防除。

前茬收后深翻土壤，整地，集中施入有机肥和无机化肥，分畦或起垄，畦大小和方向依据地块大小、灌水沟的走向等因素。选用品种应考虑市场销售情况，一般不应种植单一品种，以苗用品种和荚用品种、高秆品种和矮秆品种搭配种植，高秆品种可与矮秆品种或与其他矮生蔬菜隔行（垄）或隔畦种植。播种时棚内最低温度稳定在 1 ~ 2℃。播种时间根据当地气候条件和栽培的品种类型，及市场的需求、反季节销售等因素灵活掌握，分期播种。播种方式以穴播和点播为主，荚用品种宜起垄种植，采用穴播，穴距 15 ~ 30 厘米，2 ~ 3 粒 / 穴，约 15 千克 / 亩；苗用品种宜不起垄种植，采用点播，行距 25 ~ 35 厘米，株距 5 ~ 10 厘米，种两行空 1 行，亩保苗 16 万 ~ 17 万株。从出苗到采摘前一般不需灌水和施肥，但要及时中耕除草，以促进根系生长，荚用品种应在苗高 30 ~ 40 厘米时搭架，苗用品种不用搭架，青苗或青荚采摘期注意灌水、追肥；进入现蕾到结期荚用品种要肥水齐攻，防止缺水、缺肥引起落花、落果。从出苗到开花白天温度达 25℃以上时需放风，下午及早关闭，晚上盖草帘保温，使温度保持在 10℃左右；开花到结荚白天温度保持在 15 ~ 18℃，夜间 12 ~ 16℃为宜，对于延长采摘期极为重要。

第四节　间混套作及复种

豌豆品种类型的多样性及不同品种生育期的极大差异，能在各种栽培制度中种植，适应性强，而且有利于其他作物的正常生长。

一、混作

（一）豆麦混作

豆和麦类混作对两种作物的生长都有利，豌豆需磷钾较多，并能利用难溶磷，能固氮，麦类则需氮较多。两种作物在营养要求上矛盾不大，且豌豆根瘤菌所合成的氮素还可提供部分给麦类。因此豆麦混作不影响麦类分蘖数、单株粒数、千粒重等经济性状，豌豆由于依附于麦类直立生长，分枝数、单株荚数、单荚粒数、百粒重等农艺性状比单种要高。豆麦混作种植比例应视土壤肥力来定，肥力好的地块豆麦比为 2∶3，肥力中等的地块豆麦比为 3∶7，肥力差的地块豆麦比为 4∶6。一般以小麦为主，小麦播量略低于单种的播量，豌豆每亩 6 千克左右；如以豌豆为主，豌豆播量略低于单播量，每亩增播小麦 2.5 千克或稍多一点，达到小麦支撑豌豆，不倒伏为准。播种时先深种豆，地耙平后再种小麦。

（二）蚕豆混作

选用生育期一致的蚕豌豆品种，如草原 12 或草原 224 和尕大豆搭配。播种密度浅山以豌豆为主，每亩 6 千克，保苗 2.5 万株，蚕豆每亩 15 千克，保苗 1.5 万株；半浅半脑豌豆每亩 5 千克，保苗 2 万株，蚕豆每亩 15 千克，保苗 2 万株；脑山以蚕豆为主，每亩 20 千克，保苗 2 万株，豌豆每亩 2.5 千克，保苗 1.2 万株。播种时先撒豌豆后手溜蚕豆，行距 25 ~ 30 厘米，播深 8 ~ 10 厘米；或一人溜豌豆一人溜蚕豆同时播种。

其他混作方式还有：豌豆和油菜混作，豌豆和燕麦混作等。

二、间套作

间套种植不仅能使光、热、水、气资源得到充分利用，还可固定空气中的氮素，有利于均衡和提高土壤肥力。间套种植的关键问题是作物及品种选择矮秆、半矮秆的普通型和半无叶型直立豌豆品种最适合与高秆作物间套种植，玉米间套豌豆和马铃薯间套豆是典型栽培模式。

玉米间套豌豆模式，玉米宽窄行种植，窄行 2 行种植玉米，行距 33 厘米，每 2 行窄行间空 83 厘米，种 2 行豌豆，玉米行与豌豆行间隔 3 厘米。

马铃薯间套豆的种植方法同上。

三、复种

随着青海省气候变暖，无霜期延长，一些早熟豌豆、菜用豌豆的复种极具发展前景。一方面可提高复种指数，增加土地利用率；

另一方面可增加种植收入或增加青饲料，培肥地力。生育期 100 天以下的早熟豌豆在冬小麦（热量条件好的春小麦区）蔬菜茬复种能正常成熟，根据资料证明，复种豌豆亩可收获干籽粒 100 ~ 150 千克，20 世纪 70 年代民和东垣春小麦收后复种 26 亩早熟豌豆，平均亩产达 135 千克，高产达 198 千克。菜用或青饲料用的豌豆在春小麦茬复种能正常采摘鲜荚、鲜苗上市或收获秸秆作青饲料。复种豌豆田间管理应注意：前作收后土壤肥力严重不足，因此粒用豌豆应采取前期多施肥促进生长，中后期由于雨水较多应控制生长，只浇 1 次苗水开花后一般不再浇灌，避免贪青晚熟受冻；饲用豌豆尽量满足水肥需要，使其营养生长旺盛，早生快发，多长快长；菜用豌豆应根据实际情况灵活掌握。

第三章　豌豆综合利用

第一节　豌豆新品种新技术的选用

豌豆新品种新技术是高科技含量的结晶，应用于生产是实现豌豆增产，农业增收的关键。因此，因地制宜，正确选用豌豆新品种新技术，并加强保护和应用的力度，对于延长其生命力，充分发挥增产潜力尤为重要。

一、选种和繁种

选种和繁种是保持豌豆新品种原始性状，提高种子的种性和纯度，并运用种子生产技术，扩大种子生产量，使其保持原品种的固有特性，最终达到最大生产力。

（一）选种

根据每个品种的株高、花色、叶色、荚形（型）粒形等一致性性状，采用株选留种、块选留种、场选留种、种子田留种等方法选种，选留的种子还需经过精选达到播种的指标：饱满完整、发芽率高、百粒重高等。

播种前用 40% 盐水选种，除去上浮不充实的或遭虫害的种子。播种前将种子催芽，当种子露芽时，将种子放在 0 ~ 2℃的低温中处理 15 天后再播种。

（二）种子提纯复壮

一般采用一圃制、二圃制和三圃制的方法进行种子的提纯复壮。两年一圃：单株选择—混合繁殖；三年二圃：单株选择—株行圃—混系繁殖；四年三圃：单株选择—株行圃—株系比较—混系繁殖。

（三）种子生产

1. 原种生产

从育种机构得到原种，选择独立的肥水条件好的易管理的地块，建立专业化种子生产基地，生产的原种标准应达到国标：纯度99.8%、净度98%、发芽率90%、水分13%、杂草种子0粒/千克；或省标：纯度99.8%、净度99%、发芽率98%、水分13.5%。生产的种子供应大田种子生产或直接用于生产。

2. 大田种子生产

应用原种繁殖大田生产用种。所生产的种子必须进行清选—烘干—精选—分级—药物处理—包装储存，下年调运播种。

大田播种前施入充分腐熟的厩肥、堆肥和一定量的磷、钾肥，尤其是施磷肥增产效果明显，豌豆采用点播，行距10 ~ 20厘米，行内株间距5厘米，每穴播2 ~ 6粒种子，土壤湿润时覆土5 ~ 6厘米。土壤干燥时覆土稍厚些。每亩用种10 ~ 15千克。

豌豆用根瘤菌拌种，是增产的有效措施。用根瘤菌拌种后，根瘤增加，茎叶生长旺盛，结荚多，产量高。拌种方法为每亩用根瘤菌10 ~ 19克，加水少许与种子拌匀后便可播种。

3. 种子贮存

长时贮存必须存放在专业种子库中，一级库12℃保存46年，二级库0℃保存15年；短时保存必须存放在通风、干燥、相对湿度低的地方。

二、新品种新技术选用注意的问题

豌豆新品种新技术的选用要考虑当地气候、地理条件以及品种的特性、用途、适栽区域和配套的综合技术等因素来确定。

（一）根据本地气候条件选用品种

光热条件好，无霜期长的地区应选用高秆、中晚熟品种或复种早熟品种；相反无霜期短的地区选用矮秆、早熟品种。

（二）根据品种的特性和用途选用品种

浅山和半浅半脑旱地区以抗旱、干籽粒用普通品种为主；水地和脑山以半无叶直立抗倒伏品种为主，水地选用苗用、荚用等用型品种尤其是城镇市郊交通便利，易于鲜品上市，选用早熟品种。

（三）根据地理差异性换良种

换良种应就近选择，同海拔高度选择，同生态区域选择的原则。同时兼顾所申换良种的来源、已使用年限、产品用途以及良种用于大田栽培和保护地栽培的差异性。

（四）根据选定的品种选用配套综合技术

豆品种类型多，从用途分为粒用型、荚用型、苗用型，从株型分为矮秆型、高秆型、无叶型；从栽培区域分为旱地型、水地型。选用适应不同用途、不同区域、不同气候条件的新品种必应用与之相配套的综合技术。还根据选用品种用于生产种子和生产商品的不同性，选用种子生产技术或商品生产技术。

（五）新品种新技术首引用必须建立在试验、示范、验证的基础上

首先，必须了解新品种新技术研究的区域性环境条件与实际生产环境条件之间的差异性。其次，新品种及其配套技术的引用，还有栽培区域扩大包括向青海南部地区扩大，复种区域的扩大、由浅山栽培向半浅半脑和脑山栽培区域的扩大、水地栽培等的过程中系列新技术的引用更应建立中试基地，通过中试，排除不可预见的限制因子，确保引用的成功性、增效性。

第二节　豌豆施肥方案

配方肥指以土壤测试和田间试验为基础，根据作物需肥规律、土壤供肥性能和肥料效应，以各种单质化肥和（或）复混肥料为原料，采用掺混或造粒工艺制成的适合于特定区域、特定作物的肥料。

一、川水地区

（一）施肥原则

氮磷钾合理搭配，科学施肥；适量施氮。

（二）施肥建议

产量水平 400 千克 / 亩以上：亩施农家肥 4 立方米，纯氮 2.3 千克，纯磷 6.1 千克。

产量水平 300 ~ 400 千克 / 亩：亩施农家肥 4 立方米，纯氮 1.9 ~ 2.3 千克，纯磷 4.7 ~ 6.1 千克。

产量水平 200 ~ 300 千克 / 亩：亩施农家肥 4 立方米，纯氮 1.7 ~ 1.9 千克，纯磷 3.4 ~ 4.7 千克。

若施用 35% 的豆类配方肥（纯氮 14%、五氧化二磷 16%、氧化钾 5%），建议亩施用量为 20 ~ 35 千克，全部用作基肥，各地根据实际情况，增施部分磷肥，追肥与其他施肥方式同等。

二、干旱山区

（一）施肥原则

氮磷钾合理搭配，科学施肥；适量施氮。

（二）施肥建议

产量水平 300 千克 / 亩以上：亩施农家肥 2 立方米，纯氮 2.7

千克，纯磷 4.9 千克。

产量水平 200 ~ 300 千克 / 亩：亩施农家肥 2 立方米，纯氮 1.8 ~ 2.7 千克，纯磷 3.5 ~ 4.9 千克。

产量水平 150 ~ 200 千克 / 亩以下：亩施农家肥 2 立方米，纯氮 1.8 ~ 3.4 千克，纯磷 3.4 ~ 6.2 千克。

若施用 35% 的豆类配方肥（纯氮 14%、五氧化二磷 16%、氧化钾 5%），建议亩施用量为 20 ~ 30 千克，全部用作基肥，各地根据实际情况，增施部分磷肥，追肥与其他施肥方式同等。

第三节　豌豆加工利用

一、粒用豌豆加工利用

（一）细粉

将豌豆的种皮、子叶和胚芽剥离，分别磨成粉，得到食用纤维粉、子叶粉和胚芽粉。食用纤维粉用于做面包或营养食品中食用纤维的添加剂，改善食品膨化性，促进人体消化功能；子叶粉和胚芽粉是天然乳化剂，赖氨酸增强剂。

（二）浓缩蛋白

将豌豆磨成粉后利用空气分选机分离为粗粉（主要成分是淀粉）和细粉（60% 以上是蛋白质）。再将细粉在 pH9 的石灰溶液中充分搅拌，将溶于水的部分用离心机分离，喷雾干燥即得 90% 以上的豌豆浓缩蛋白粉。细粉可用作食品增强剂，提高蛋白质含量和生物价。

（三）粉丝

豌豆粉丝加工工序包括磨粉—冲芡—捏粉—漏粉四道工序。首先将豌豆磨成细粉；接着冲芡，即将豌豆粉和温水（55℃）按 1∶1 的比例混合后充分搅拌，再迅速加入与混合物等的沸水搅拌至起泡，即成芡粉；再将芡粉用力充分揉和；最后进入漏粉工序加工成粉丝，此环节直接决定粉丝的粗细和品质。

二、菜用豌豆加工利用

（一）豌豆苗

豆苗即豌豆的去根嫩苗，生产豌豆苗有水培和固体机制栽培两种方法。选用发芽率 90% 以上的种子。从种子吸胀到胚根长出 1 厘米长后，在 15℃时约需 3 天，20 ~ 24℃时约需 2 天，再长到 4 片真叶又各需 17 ~ 20 天或 12 ~ 15 天，此时正好采收。

（二）制罐

豌豆制罐选用绿色皱粒品种为好。首先在 99℃热水中软化 2 ~ 3 分钟，或在 82℃热水中软化 4 分钟，剥壳取粒，接着用冷水冲洗豌豆粒，使其降温到 32℃，再在盐水中分级，装头盒，并注入 2.5% 的净化热盐溶液，再加入适量的糖，封盖。

（三）鲜籽粒和鲜荚速冻

豌豆速冻工艺流程为：原料—别出—清洗—去皮、切分—烫漂—冷却—沥干—速冻—包装。其关键技术环节在于烫漂、冷却、速冻，烫漂即将整理好的原料放入沸水中或热蒸汽中加热处理适当的时间，可破坏原料中的氧化酶、过氧化物酶及其他酶并杀死微生物，保持原有的色泽，同时排除细胞组织中的各种气体（尤其氧气），利于维生素类营养素的保存，还可软化纤维组织，去除不良的辛辣涩味等；烫漂的关键是热处理的温度和时间的控制，一般在 95 ~ 100℃的沸水中，烫漂约 2 分钟，烫漂的方法有热水烫漂法、蒸汽烫漂法、微波烫漂法、红外线烫漂法等；烫漂以后立即冷却，温度控制在 10℃以下，避免酶类再度活化，微生物大量繁殖和重新污染，常用方法有冷水没、冲淋、冷却、冰水冷却、空气冷却等。

第四章　豌豆病虫害防治

第一节　豌豆主要病害防治

豌豆病害有真菌类病害、细菌类病害、病毒类病害 3 大类。真菌类病害是最普遍、最严重的病害，其病原菌有 20 余种。细菌和病毒病害种类较少，危害较轻。以下主要介绍真菌类病害。

豌豆真菌类病害种类繁多，大致分为根部和叶部病害两大类。

一、丝囊根腐霉根腐病

丝囊根腐霉根腐病又称普通根腐，是豌豆最具毁灭性的病害之一，在青海豌豆栽培区发生较严重，病株根干重相比正常植株减少 56.8% 成片死亡的地块占 20% ~ 30%，病情指数高达 84.4%，产量极低或迫使改种其他作物。丝囊根腐霉菌为土栖菌，可经土壤、病残体及种子传播蔓延，能在适合豌豆生长的全部温度范围内造成为害，是传染性极强的菌类。该病在豌豆的一生均可发病，以开花期染病多，主要根或根茎部染病，病株下部叶片先发黄，逐渐向上发展致全株枯；主、侧根部分变黑色，根瘤和根毛明显减少，发病轻的造成植株矮化、茎细、叶小、荚数少、籽粒秕，品质差，发病重的基部凹陷变褐，呈“细腰”状，开花后大量枯死，颗粒无收。丝囊根腐霉根腐病在 24 ~ 33 ℃温度范围内极易发生，一般干旱年份发病重，轮作周期越短，发病越重。

丝囊根腐霉根腐病发生严重度分 4 级。0 级：植株生长正常，地上地下无症状；1 级：根系病斑较少，少数茎叶枯黄；2 级：根系病斑较多，2/3 的根系腐烂，整株萎，下部叶片枯黄；3 级：4/5 的根系腐烂，主根呈褐色，地上部枯死。

防治丝囊根腐霉根腐病主要采用抗性品种、合理轮作、药剂处理等措施。一般提倡用敌克松、多菌灵、克病灵等杀菌剂进行土壤处理、拌种、叶面喷施、灌根等措施，但药剂防治效果都不明显，而且投入偏高，施用面积越来越小。因此从品种入手，选用抗性品种，建立合理轮作制是防治豌豆丝囊根腐霉根腐病，提高豌豆产量和品质最直接、最有效的措施。

二、白粉病

豌豆白粉病发生范围广，在我省保护地豌豆栽培中发病较普遍。该病病原为白粉菌，在病株的残茬上寄生，在杂草上越冬，种子也可带菌。风和空气流动促使病害扩散蔓延，我省昼夜温差大，在高温干旱年份，夜间凉爽有露水易发病；晚种后期遇高温或生长期土壤湿度太大的低湿地块发病重；保护地种植室内高温、高湿闷热的条件下极易发生。豌豆白粉菌危害植株地上各部分，首先在初生叶片及茎秆上产生白色粉状霉斑，后成片扩散至整个植株，致使叶片发霉、发黄、脱落，株体光合作用和呼吸作用减弱，果和籽粒变小，并影响品质和品味。

（一）发病症状

发病初期叶面为淡黄色小斑点，扩大成不规则形粉斑，严重时叶片正反面均覆盖一层白粉，最后变黄枯死。发病后期粉斑变灰，并长出许多小黑粒点。

豌豆白粉病严重度分 5 级，0 级：植株无病；1 级：植株个别叶片出现病斑；2 级：植株 1/2 叶片出现病斑；3 级：植株 2/3 叶片出现病斑；4 级：植株 3/4 叶片出现病斑。

（二）防治方法

筛选抗病品种；发病初期用25%粉锈宁可湿性粉剂2000～3000倍液，或70%甲基托布津可湿性粉剂1000倍液，或50%多菌灵可湿性粉剂500倍液，50%硫磺悬浮剂200～300倍液，或波美0.2～0.3度石硫合剂等喷雾防治。每隔10～20天喷施1次，连喷2～3次。采取农业措施，降低田间湿度等措施予以防治。

三、霜霉病

豆类中的蚕豆、豌豆两个属宜染，发生范围广，但为害相对不严重。该病病原为霜霉菌，在土壤和病株残体上越冬，也有种子带菌现象，在高湿（90%以上的相对湿度）和低温（4～8℃）的条件下容易发病。豌豆霜霉菌危害植株，病叶表面淡黄绿色至褐色，叶背面布满绒毛状的灰色霜霉层；也危害花序和卷须，湿度大时病菌发展到上部，受害荚为黄色至淡褐色，起泡；为害早的，植株生长矮小，布满病菌，在开花前枯黄，为害晚的，则植株的上部发病而变黄。

豌豆霜霉病严重度分5级，0级：植株无病；1级：植株1/3以下叶片发病；2级：植株1/3以下叶片发病，有少量扩散型病斑，不及叶面积的5%；3级：植株全部叶片发病，多呈扩散型病斑，占叶面积的6%～10%，部分基叶枯黄；4级：植株全部叶片发病，病斑呈扩散型，占叶面积的10%以上，霜霉成片，茎叶枯黄。防治方法：筛选抗病品种；清理残枝烂叶，将其搬走烧掉；深耕，实行合理轮作；用70%甲基托布津可湿性粉剂1000倍液，或50%多菌灵可湿性粉剂500倍液，50%硫磺悬浮剂200～300倍液，或波美0.2～0.3度石硫合剂等喷雾防治。每隔10～20天喷施1次，连喷2～3次。采取农业措施，降低田间湿度等措施予以防治。

四、褐斑病

（一）发病症状

褐斑病主要为害叶、茎及荚。叶片染病呈不规则的淡紫色小点，高温高湿条件下，病斑迅速扩散，布满整个叶片，后病叶变黄扭曲而枯死，有的呈深褐色不规则轮纹斑，中央坏死处产生黑色小点。发病原因病菌主要在种子上越冬，借风雨传播蔓延。播种过早或遭受低温冷害，或土壤黏重、湿度过高，或偏施氮肥、植株旺长，均易发病。

（二）农业防治

重病田与非豆科蔬菜实行 2 ～ 3 年轮作，同时要进行种子消毒，在冷水中预浸 4 ～ 5 小时后，放入 50℃温水中浸 5 分钟，而后冷却、晾干后播种。适当密植，增施钾肥。

（三）药剂防治

发病初期喷洒 50% 苯菌灵可湿性粉剂悬浮剂 800 倍液，70% 甲基托布津可湿性粉剂 500 倍液，75% 百菌清可湿性粉剂 600 倍液，每隔 7 天喷施 1 次，连续喷药 2 ～ 3 次。

五、褐纹病

（一）发病症状

主要为害叶、茎及荚。叶片染病呈不规则的淡紫色小点，高温高湿条件下，病斑迅速扩散，布满整个叶片，后病叶变黄扭曲而枯死，有的呈深褐色不规则轮纹斑，中央坏死处产生黑色小点。发病原因病菌主要在种子上越冬，借风雨传播蔓延。播种过早或遭受低温冷害，或土壤黏重、湿度过高，或偏施氮肥、植株旺长，均易发病。

（二）农业防治

最好能与非豆科作物实行 3 年以上轮作，并要进行种子消毒，温水浸种 4 ～ 5 小时，再移入 55℃温水中浸 5 分钟后，放入冷水中冷却，晾干后播种。适当密植，增施钾肥。

（三）药剂防治

发病初期喷50%混杀硫悬浮剂500倍液，或75%百菌清可湿性粉剂600倍液，每隔7天喷施1次，连续喷药2 ~ 3次。

第二节　豌豆主要虫害防治

豌豆害虫的种类比较多，一些危害叶菜类、油菜和其他作物的害虫也危害豌豆，危害严重的害虫有蚜虫、潜叶蝇、豌豆象、小卷叶蛾、地老虎、蛴等，在青海豌豆蚜虫、潜叶蝇、小卷叶蛾三种害虫发生普遍，受害严重。

一、豌豆蚜虫

豌豆蚜虫有有翅蚜和无翅蚜两种。有翅体长约0.5厘米，翠绿色，复眼红色，足细长，触角和足的末端黑褐色；无翅翠绿色，体长0.45 ~ 0.5厘米。成虫产卵在苜蓿、三叶草等植物上，初产时淡青绿色，后变成黑色。豌豆蚜虫生活力强，在3 ~ 11月份都能繁殖生长，以成蚜和若蚜吸食叶片、嫩茎、花和嫩的汁液，多危害嫩尖，造成叶片卷缩、枯黄乃至全株枯死，5月中下旬最重。

豌豆蚜虫危害程度通过调查计算虫株率和虫口密度分轻、中、重3级。防治方法用10%吡虫啉乳油2000 ~ 3000倍液防治。

二、豌豆潜叶蝇

豌豆潜叶蝇成虫为褐色小蝇，体长0.18 ~ 0.27厘米，头部褐色或红褐色，胸部隆起，腹部灰黑色；卵散产在嫩叶叶背的表皮组织里，产卵处可见白色小圆点，卵为长椭圆形，约0.03厘米长，淡灰白色，表面有皱皮；长大的幼虫体长0.29 ~ 0.34厘米，蛆状，初为乳白色，后变黄白色，在叶片组织中化蛹；蛹头小，腹部末端斜行平截，长 0.22 ~ 0.26 厘米，长扁卵形，初为淡黄色，后变为黄褐色或黑褐色。一年发生多代，冬季越冬，来年 1 月间羽化为成虫，3 ~ 4 月气温上升大量发生，5 月以后气温增高虫数减少。幼虫取食叶片表皮内的叶肉，形成弯曲黄白色虫道，受害植株叶片枯白，严重时整株枯死。豌豆潜叶蝇受害程度分 4 级，0 级：未受害；1 级：受害叶数占总叶数的 1/3 以下；2 级：受害叶数占总叶数的 1/3 ~ 2/3；3 级：受害叶数占总叶数的 2/3 以上。防治方法用 90% 敌百虫 0.5 千克，加水 500 升田间喷洒，对幼虫有好的防治效果；也可用 40% 乐果乳剂以防治。

三、豌豆小卷叶蛾

豌豆小卷叶蛾属翅目，卷蛾科，小蛾亚科，小蛾属的个种。成虫体长 0.56 ~ 0.6 厘米，灰色，带金属光；卵灰白色，椭圆形，扁平，长径 0.06 ~ 0.09 厘米，短径 0.04 ~ 0.05 厘米；初卵幼虫无色，头与前胸背板黑色，老熟幼虫黄色蛹长 0.65 ~ 0.7 厘米，初化蛹时为杏黄色，后段变为黄褐色；土茧椭圆形，长 0.8 厘米。在青海一年发生一代，以老熟幼虫结茧越冬，来年 5 月下旬离开越冬茧爬至地表重新作茧，在土内化蛹，6 月下旬羽化，7 月中旬产卵于豌豆植株上部托叶的正反面，下旬孵出幼虫，初孵幼虫经豆荚表面侵入豆荚之内危害豆粒。蛀食后的豆粒百粒重降低 20% ~ 35%，发芽率降低 75%。8 月中下旬幼虫老熟，入土越冬。

豌豆小卷叶蛾危害程度通过调查计算籽粒被害率分级。防治方法选用中早熟品种；在幼虫危害初期，用 50% 硫酸乳剂田间喷洒等措施予以防治。

四、黑潜蝇

（一）发病症状

豆秆黑潜蝇是双翅目潜蝇科黑潜蝇属的害虫，是分布范围很广的蛀食害虫，主要为害豆科作物，从初孵幼虫经叶脉、叶柄的幼嫩部位蛀入主茎，蛀食髓部及木质部。若防治不及时，将造成严重减产。

（二）农业防治

适当调解播期，错开成虫产卵盛期，以减轻为害。

（三）药剂防治

用 80% 敌敌畏乳油 1000 ～ 1500 倍液；20% 氰戊菊酯 2000 ～ 3000 倍液；25% 高效氟氯氰菊酯乳油 1000 ～ 1500 倍液防治。

五、潜叶蝇

（一）发病症状

豌豆潜叶蝇属双翅目，潜叶蝇科，又称油菜潜叶蝇，俗称拱叶虫、夹叶虫、叶蛆等，是一种多食性害虫，有 130 多种寄主植物，在蔬菜上主要危害豌豆、蚕豆、茼蒿、芹菜、白菜、萝卜和甘蓝等。

（二）农业防治

蔬菜收获后，及时清除田间残株落叶、杂草，烧毁或沤肥，以减少田间虫口基数。

（三）化学防治

选择残效短、易于光解、水解的药剂，此外，由于幼虫潜叶蝇为害，所以用药必须抓住产卵盛期至孵化初期的关键时刻。灭杀毙（21% 增效氰马乳油）800 倍液，2.5% 溴氰菊酯或 20% 氰戊菊酯 2500 倍液，10% 溴马乳油 2000 倍液，10% 菊马乳油 1500 倍液，1.8% 虫螨光和 1.8% 害通杀 3000 ～ 4000 倍液喷雾。在防治适期喷药均能达到较好的防治效果。

ལེའུ་དང་པོ། སྤྱི་བཤད།

ས་བཅད་དང་པོ། གནས་ཚུལ་མདོར་བསྡུས།

གཅིག གཟུགས་དབྱིབས་ཀྱི་ཁྱད་ཆོས།

སྲིན་ནག་ནི་སྲིན་རིགས་ཀྱི་ལོ་གཅིག་ལ་སྐྱེ་ཞིང་སྨིན་པའི་འཁྲུད་འཛེག་རྩི་ཤིང་ཡིན། མཐོ་ཚད་ལ་སྨི0.5~2ཡོད། སྡོང་རྐང་ཡོངས་ལྗང་མདོག་དང་འཇམ་ཞིང་སྤུ་མེད། ཕྱི་སད་བཀབ་ཡོད། ལོ་མར་འདབ་ཆུང4~6ཡོད་ཅིང་། ཞབས་སྐྱོར་ལོ་མ་འདབ་ཆུང་དང་བསྡུར་ན་ཆེ། ལོ་མའི་དབྱིབས་ནི་སྙིང་དབྱིབས་ཡིན། ལོ་མའི་འོག་རིམ་དུ་སོ་ཕྲ་མོ་ཡོད། འདབ་ཆུང་ནི་སྒོང་དབྱིབས་ཟླུམ་པོ་ཡིན། རིང་ཚད་ལ་ལི་སྨི2~5དང་ཞེང་ལ་ལི་སྨི1~2.5ཡོད། མེ་ཏོག་ནི་འདབ་མཆན་དུ་ཁེར་སྐྱེས་སམ་མང་སྐྱེས་ཏེ་མེ་ཏོག་བང་རིམ་རྫོགས་མ་ཅན་དུ་བསྒྲིགས་པ་དང་། མེ་ཏོག་གི་ཐེའུ་ཤུན་ནི་ཅོང་དབྱིབས་སུ་གྲུབ་ཅིང་གས་ཤུལ་ཟབ་མོ5ཡོད་ལ་གས་ལེབ་ཁབ་དབྱིབས་ཡིན། མེ་ཏོག་གི་ཟེ་སྤྲོར་ཁ་དོག་སྣ་ཚོགས་ཡོད་ཅིང་། སོན་རིགས་དང་བསྟུན་ནས་ཁྱད་པར་ཡོད་མོད། མང་ཆེ་བ་དཀར་པོ་དང་སྨུག་པོ་ཡིན་པ་དང་། ཟེའུ་འབྲུ་ཕོ(9+1)གཟུགས་གཉིས་ཡིན།

ཟེའུ་འབྲུ་སྙིང་པོའི་སྟེང་དུ་སྤུ་མེད་པ་དང་སྡོང་རྐང་ལེབ་མོ་ཡིན་ཞིང་། ནང་ངོས་སུ་སྣ་རའི་སྤུ་ཚོམ་ཡོད། གང་བུའི་འབྲས་བུ་སྦོས་པ་དང་འཛིང་དབྱིབས་ནར་

སོ་ཡིན། རིང་ཚད་ལ་ལི་སྨི2.5~10དང་ཞེང་ལ་ལི་སྨི0.7~1.4ཡོད། རྩེ་སོ་གསེག་ཅིང་རྣོ། རྒྱབ་ངོས་ཕལ་ཆེར་དྭང་སོ་ཡིན་ཞིང་། ནང་ངོས་སུ་ཤོག་རྒྱུ་མཁྲིགས་པོའི་ནང་ཤུན་ཡོད། ས་བོན་འབྲུ་རྡོག2~10ཡོད་ཅིང་། སྒོར་དབྱིབས་དང་མདོག་སྔོ་ལྗང་ཡིན། གཉེར་མ་ཡོད་མེད་གཉིས་ཀ་ཡོད། བསྐམས་རྗེས་སེར་པོར་འགྱུར། མེ་ཏོག་བཞད་པའི་དུས་ཚོད་ཟླ6~7དང་འབྲས་བུ་སྨིན་པའི་དུས་ཚོད་ཟླ7~9ཡིན།

གཉིས། སྐྱེ་འཚར་ཁོར་ཡུག

སྲན་ནག་ནི་གྲང་ངར་ཁྱེད་ཙམ་ཐེག་པའི་ལོ་ཏོག་ཡིན་ལ། དྲོད་འཇམ་དང་བསྟན་གཤེར་གྱི་གནམ་གཤིས་ལ་འཚམ་པས་སྐམ་ཤས་དང་ཚ་བ་བཟོད་མི་ཐུབ། སྲན་ནག་ནི་ཉི་འོད་ཕོག་ཡུན་རིང་བའི་ལོ་ཏོག་ཡིན། དྲོད་ལ་དགའ་ཞིང་ཐན་འགོག་རང་བཞིན་ཞན། སྲན་ནག་གི་ས་མྱུགས་ལ་འཕྲོད་འཚམ་རང་བཞིན་ཅུང་ཆེ་བ་དང་ས་རྒྱུ་ལ་རེ་བ་མཐོན་པོ་མེད། ཆུ་ཤུགས་ཆེ་བ་དང་རླུང་རྒྱུག་རང་བཞིན་ལེགས། ཟུལ་བཅུད་ལྡན་པའི་བྱེ་ས་དང་ས་རྒྱུར་འཚམ། pHཚད་ནི6.0~7.2ཡིན།

གསུམ། ཐོན་ཁུལ་ཁྱབ་ཚུལ།

སྲན་ནག་ནི་ཧི་གྲུང་ཧྭའི་རྒྱ་མཚོ་དང་ཨེ་ཤ་ཡ་དབུས་མའི་ས་ཁུལ་དུ་ཐོག་མར་བྱུང་བ་དང་། གཙོ་བོར་ཡ་གླིང་དང་ཡོ་རོབ་གླིང་དུ་ཁྱབ་ཡོད། གྲུང་གོ་ནི་གཙོ་བོར་དབུས་རྒྱུད་དང་ཤར་བྱང་ས་ཁུལ་དུ་ཁྱབ་ཡོད། ཐོན་ཁུལ་གཙོ་བོར་སི་ཁྲིན་དང་ཧོ་ནན། ཧུའུ་པེ། ཅང་སུའུ། མཚོ་སྔོན། ཅང་ཞི་སོགས་ཞིང་ལྗོངས་མང་པོ་ཡིན།

སྲན་ནག་ནི་མཚོ་སྔོན་ཞིང་ཆེན་གྱི་རི་ཐང་ས་ཁུལ་གྱི་འདེབས་ཤུལ་བརྗེ་བའི་ལོ་ཏོག་གཙོ་བོ་དང་ཕྱུགས་རིགས་ཀྱི་གཟན་ཆག་བཟང་པོ་ཞིག་ཡིན་ལ། ཁྱེ་སྙོལ་ལས་རིགས་ཀྱི་མ་བཙོས་རྒྱུ་ཆ་གཙོ་བོ་ཞིག་ཀྱང་ཡིན། གཙོ་བོར་ཤར་རྒྱུད་ཞིང་ལས་ཁུལ་གྱི་ཧོང་གྲུང་དང་ཁ་ཐུང་། ལུང་མདོ། མིན་ཧོ། དཔའ་ལུང་། ཧུའུ་གྲུའུ་སོགས་ཚུས་དང་རྫོང་གི་རི་ཐང་མཚམས་ཀྱི་སྐམ་ཞིང་ས་ཁུལ་ཡིན། མཚོ་ལྷོ་དང་མཚོ་

ནུབ། མཚོ་བྱང་། རྨ་ལྷོ་སོགས་ས་ཁུལ་དུ་འང་ཉུང་ཤས་ཁྱབ་ཡོད།

བཞི། ད་ལྟའི་ཐོན་སྐྱེད་གནས་ཚུལ།

མཚོ་སྔོན་ཞིང་ཆེན་གྱི་སྲན་ནག་རིགས་ལ་གང་བུ་སྲ་མོའི་སྲན་ནག་དང་སྔོ་ཚལ་སྲན་ནག་རིགས་གཉིས་སུ་དབྱེ་ཡོད་པ་དང་། གཞི་ཁྱོན་ཆེན་པོས་འདེབས་འཛུགས་བྱེད་བཞིན་པ་ནི་གང་བུའི་སྲ་མོའི་སྲན་ནག་ཡིན། མིག་སྔར་ཐོན་སྐྱེད་ཁྲོད་དུ་ཁྱབ་བརྡལ་གཙོ་བོ་བྱེད་པའི་སོན་རིགས་གཙོ་བོ་ནི་གང་བུ་སྲ་མོའི་རྩ་ཐང་རྟགས་ཅན་གྱི་རིགས་དང་སྔོ་ཚལ་དུ་སྤྱོད་པའི་རིགས་ཀྱི་སྲན་ནག་ཨ་ཅི་ཁེ་སི་སོགས་ཡོད། ཁྱབ་གདལ་བྱེད་པའི་ལག་རྩལ་གཙོ་བོ་ནི་སོན་བཟང་འདེམ་སྤྱོད་དང་སྲན་ནག་ཟབ་འདེབས། ཐན་འགོག་ཆུ་སྲུང་སླན་ཟས་བེད་སྤྱོད། ཟས་སྦྱོར་ལུད་རྒྱག ནད་འབུའི་གནོད་འཚེ་ཕྱོགས་བསྡུས་འགོག་བཅོས་སོགས་ཡིན། 1990ལོའི་སྔོན་དུ་འདེབས་འཛུགས་རྒྱ་ཁྱོན་མུའུ་ཁྲི60ཡས་མས་ཟིན་པ་དང་། འདེབས་འཛུགས་ལས་རིགས་ཀྱི་སྒྲིག་གཞི་ལེགས་སྒྲིག་བྱས་པ་དང་བསྟུན་ནས་སྲན་ནག་འདེབས་ཁྱོན་ལོ་རེ་བཞིན་ཇེ་ཉུང་དུ་ཕྱིན་པ་དང་། 2012ལོར་ཞིང་ཆེན་ཡོངས་ཀྱི་སྲན་ནག་འདེབས་ཁྱོན་མུའུ་ཁྲི15.5ཡིན། དུས་རབས20པའི་ལོ་རབས80པའི་དུས་མཇུག་གི་མུའུ་ཁྲི57.9དང་བསྡུར་ན་མུའུ་ཁྲི42.4ཇེ་ཉུང་དུ་སོང་ཡོད། སྲན་ནག་ཆ་སྙོམས་མུའུ་རེའི་ཐོན་ཚད་སྟོང་ཁེ100~150ཡིན་པ་དང་། མུའུ་རེའི་ཐོན་ཚད་མཐོ་ཤོས་སྟོང་ཁེ200ཡན་ཡིན་ལ། ཕྱིར་བཏང་ཚོང་ཟོག་གི་ཚད་ནི65%ཡས་མས་ཡིན།

ལྔ། རིན་ཐང་གཙོ་བོ།

(གཅིག) བཟའ་བྱའི་རིན་ཐང་།

སོས་པའི་གཞུང་རྐང་དང་སྲན་མའི་གང་བུ། སྲན་མ་སྔོན་པོ་བཅས་ནི་དཀའ་བསྡུ་ཆེན་པོ་ཐོབ་པའི་ཉོབ་དུས་ཀྱི་སྔོ་ཚལ་ཡིན། སྲན་ནག་སྨམ་པོའི་ལས་སྣོན་ཞིབ་མོའི་འཐག་ཐུ་ནི་འཛམ་ཞིང་ཀླུམ་རིལ་གྱི་སྲན་ནག་བདམས་ནས་རྒྱུ་ཆ་བྱེད་

པ་དང་། ཁྱད་ལྡན་འཕྲུལ་འཁོར་དང་བཟོ་རྩལ་ཟུང་འབྲེལ་སྤྱད་དེ་སྨན་ནག་འབྲུ་རྡོག་གི་ཤུན་པགས་དང་ལོ་མ། སྐྱེ་རྩའི་སྨྱུ་གུ་སོགས་ཁག་གསུམ་དུ་ཕྱེས་རྗེས། སོ་སོར་འཐག་ན་བཟའ་བཅའི་ཚོ་སྣའི་ཕྱེ་མ་དང་སྐྱེ་ཧེན་པོ་མའི་ཕྱེ་མ། སྐྱེ་རྩའི་སྨྱུ་གུའི་ཕྱེ་མ་བཅས་ཐོབ་པོ། །ཤུན་པགས་འཐག་ནས་ཐོན་པའི་བཟའ་བྱའི་ཚོ་སྣའི་ཕྱེ་མ་ནི་བག་ལེབ་དང་འཚོ་བཅུད་ལྡན་པའི་ཟས་རིགས་ནང་གི་བཟའ་བྱའི་ཚོ་སྣའི་སྦྱོར་རྫ་བྱས་ཏེ། ཟས་རིགས་ཀྱི་སྦྲོས་སོབ་རང་བཞིན་ལེགས་བཅོས་བྱས་ནས་མིའི་ལུས་ཁམས་ཀྱི་འཇུ་སྟོབས་ལ་སྐུལ་འདེད་གཏོང་བའི་ནུས་པ་ལྡན། སྐྱེ་ཧེན་པོ་མའི་ཕྱེ་མ་དང་སྐྱེ་རྩའི་སྨྱུ་གུའི་ཕྱེ་མ་ནི་ཕྲུ་གུ་དམར་འབྱུར་ཀྱི་ཟས་རིགས་དང་ལུས་ཁམས་བདེ་སྲུང་གི་ཟས་རིགས། ཐྲོ་བ་ལྡན་པའི་ཟས་རིགས་བཅས་བཟོ་བའི་ཕྱོགས་སུ་སྤྱོད་སྒོ་ཏ་ཙང་ཆེ། འདི་ནི་རྒྱུན་སྤྱོད་ཀྱི་རང་བྱུང་གཤེར་གཟུགས་འདྲེས་རྫས་ཡིན་ལ་ལའི་ཨེམ་སྐྱུར་ཇེ་དྲག་ཏུ་གཏོང་བྱེད་ཀྱང་ཡིན། དེ་མིན་སྨན་ནག་སྐམ་པོའི་ནང་དུ་སྨན་རྡོག་གི་ཙུང་འདུས་སྤྲི་དཀར་ཧྣངས་ཆེག་པ་དང་། སྨན་ནག་གི་སྤྲི་དཀར་ཕྱེ་ཡིས་བག་ལེབ་སོགས་ཟས་རིགས་ཀྱི་དྲག་སྐྱེད་སྨན་རྫས་བཟོས་ཆོག་ལ། སྤྲི་དཀར་གྱི་བཅུད་འདུས་ཚད་དང་སྐྱེ་དངོས་ཀྱི་རིན་ཐང་ཇེ་མཐོར་བཏང་ཆོག་པར་མ་ཟད། ད་དུང་ཕིང་ཕྲ་མོ་དང་སྨན་ལྷང་སོགས་ཀྱང་བཟོས་ཆོག སྟོ་སྨན་དང་ཟས་སྤྱོད་གང་བུའི་སྨན་ནག་ལས་སྔོན་བྱས་ན་ལྕུགས་ཀྱིན་དང་བཞའ་སྐམ། སྨུར་འཁྱགས་སོགས་བཟོས་ཆོག དེའི་ནང་གི་སྨུར་འཁྱགས་སྟོ་སྨན་དང་ཟས་སྤྱོད་གང་བུའི་སྨན་ནག་ནི་ཡོ་རོབ་དང་ཨ་མེ་རི་ཁ། ཨེ་ཤེ་ཡ་ཤར་ལྷོའི་རྒྱལ་ཁབ་ཀྱིས་ཡོངས་ཁྱབ་ཏུ་སྤྱོད་པའི་སྨན་མའི་རིགས་ཀྱི་སྟོ་ཚལ་ཞིག་ཡིན། སྨན་ནག་ཟས་རིགས་ཆུང་བར་སྨན་སེར་དང་སྨན་ཐུད་རིགས་ཀྱི་ཟས་རིགས་བཟོས་ཆོག ཁྱད་ཆོས་ནི་ཞིམ་མངར་ལྡན་ཞིང་ཐྲོ་བ་ལེགས་པ། མཆེར་པ་དང་ཕོ་བར་ཕན་པ། ཚ་བ་དང་དུག་སེལ་བ་བཅས་ཡིན། སྨན་ནག་ཟས་རིགས་ལ་ཚ་བ་སེལ་བ་དང་དུག་སེལ་བ། ཆབ་གསང་འབབ་བདེའི་ནུས་

པ་ལྡན་ལ། ལྷག་པར་དུ་གཅིན་སྙིའི་ནད་དང་བྲིས་པ་བཅས་རྫེས་ཉུ་མ་མི་འབབ་པའི་ནད་པར་སྨན་གྱི་ནུས་པ་ཁྱད་པར་ལྡན་པ་དང་། བསྲེགས་གཏོར་རིགས་ཀྱི་སོས་དལ་ཟས་རིགས་ཀྱང་བཟོས་ཆོག

(གཉིས) འཚོ་བཅུད་རིན་ཐང་།

སྲན་ནག་ལ་ཕྱུགས་ཡོངས་དང་དོ་མཉམ་གྱི་འཚོ་བཅུད་ལྡན། སྲན་ཏོག་ནི་ཤུན་པགས་དང་སྙི་རྗེན་པོ་མ། སྙི་རྩའི་སྨུ་གུ་བཅས་ཀྱིས་གྲུབ་པ་ཡིན། དེའི་ནང་སྲན་ནག་སྐམ་པོའི་སྙི་རྗེན་པོ་མའི་ནང་དུ་འདུས་པའི་སྤྲི་དཀར་དང་ཚི་ལི། ཐན་ཆུའི་འདྲེས་སྦྱོར་དངོས་རྫས། གཉེར་རྒྱུའི་འཚོ་བཅུད་བཅས་ཀྱིས་སོ་སོར་འབྲུ་ཏོག་གི་འཚོ་བཅུད་གྲུབ་ཆའི་བསྡོམས་གྲངས་ཀྱི96%དང77% 89%བཅས་ཟིན་ཡོད། སྙི་རྩའི་སྨུ་གུར་སྤྲི་དཀར་དང་གཉེར་རྒྱུའི་གཞི་རྒྱུ་འདུས་ཡོད་མོད། འབྲུ་ཏོག་ཁྲོད་ཟིན་པའི་བསྡུར་ཚད་ཧ་ཅང་ཉུང་། ཤུན་པགས་ཀྱི་ནང་དུ་ས་བོན་ནང་གི་འཇུ་བྱེད་དང་བེད་སྤྱོད་བྱེད་མི་ཐུབ་པ་མང་ཆེ་བར་ཐན་ཆུའི་འདྲེས་འགྱུར་རྫས་འདུས་ཡོད་ལ། དེའི་ཁྲོད་དུ་ཀལ་ཞིན་གྱི་འདུས་ཚད་ཀྱང་ཅུང་མཐོ། གནས་འཕྲིན་ལྟར་ན། སྲན་ནག་སྤྲི་དཀར་གྱི་སྙི་དངོས་རིན་གོང(BV) ནི48%~64%ཡིན་པ་དང་། ཕན་ནུས་བསྡུར་ཚད(P.E.R) 0.6~1.2ཡིན་པས་སྲན་ཆེན་ལས་མཐོ་བའོ། །

(གསུམ) སྨན་སྦྱོད་རིན་ཐང་།

སྲན་ནག་གི་རོ་མངར་ཞིང་རང་བཞིན་སྙོམས་པ། མཆེར་པ་དང་ཕོ་བར་ཕན་པ། ཁོག་དབུགས་སྙོམས་པ། གྲང་འབྲུ་བདེ་བ། གཙང་བཅོས་བྱེད་པ། དྲི་ཆུ་འདོར་བར་ཕན་པ། ཕོལ་སྐྲངས་སེལ་བ། རྗོ་དུག་སེལ་བ་བཅས་ཀྱི་ཕན་ནུས་ལྡན། རྐང་དྲི་དང་སྐྲངས་པ། ནུ་འོ་མི་འབབ་པ། ཕོ་བ་དང་མཆེར་པ་མི་བདེ་བ། སྐྱིགས་བུ་ལངས་ནས་སྐྱུགས་པ། ཕོ་བ་སྦྲོས་པ་དང་ན་བ། ཁ་སྐོམ་པ་དང་གྲང་འབྲུ་མི་བདེ་བ་སོགས་ཀྱི་ནད་རིགས་ལ་གསོ་བཅོས་ཀྱི་ནུས་པ་ངེས་ཅན་ལྡན།

སྨན་ནག་གི་རོ་མངར་ཞིང་ཁུག་དབུགས་སྐོམ་སྒྲིག དྲི་ཆུ་འདོར་བར་ཕན་པ། རྒྱས་དུག་སེལ་བའི་ནུས་པ་ལྡན་ཞིང་། སྨན་ནག་བཙོས་ནས་བཟོས་ན་སྐོམ་པ་སེལ་བ་དང་འོ་མ་ཐོན་པ། སྐྲངས་ཞི་བ་སོགས་ཀྱི་ནུས་པ་ཡོད། སྨན་རྫོག་འཐག་ནས་རྨ་ཁར་བྱུག་ན་གཉན་སྐྲངས་དང་གཞང་འབྲུམ་གྱི་རྨ་ལ་ཕན། སོ་སྨན་དང་ཟས་སྦྱོད་གང་བུའི་སྨན་ནག་གི་ནང་དུ་འཚོ་རྒྱུCའདུས་པས། སོ་རྙིལ་ནས་ཁྲག་ཐོན་པར་སྔོན་འགོག་བྱེད་ཐུབ་པར་མ་ཟད། ཆམ་པའང་སྔོན་འགོག་བྱེད་ཐུབ།

ས་བཅད་གཉིས་པ། སྨན་ནག་གི་རིགས་སྣ།

གཅིག ཉིན་ཕན་ཨང1པ།

(གཅིག) སོན་རིགས་འབྱུང་ཁུངས།

ཉིན་ཕན་ཨང1པ་ནི་མཚོ་སྔོན་ཞིང་ཆེན་ཞིང་ནགས་ཚན་རིག་ཁང་སྐྱེ་དངོས་སོན་གསོ་འདེབས་གསོ་ཞིབ་འཇུག་སྡེའོ་ཡིས1973ལོར71088མ་སྔོང་བྱས་པ་དང་། ཚལ་སྨན–4ནི་ཕོ་སྔོང་བྱས་ཏེ་མཚན་ཡོད་རྒྱུད་འདྲེས་སྤེལ་སྦྱོར་བརྒྱུད་ནས་འདེབས་གསོ་ལས་གྲུབ་པ་ཞིག་ཡིན། 1994ལོའི་ཟླ11པར། མཚོ་སྔོན་ཞིང་ཆེན་ཞིང་ལས་སྐྱེ་དངོས་སོན་རིགས་ཞིབ་བཤེར་གཏན་འབེབས་ཨུ་ཡོན་ལྷན་ཁང་གིས་ཞིབ་བཤེར་གཏན་འབེབས་གྲོས་འཆམ་བྱུང་། སོན་རིགས་ཚད་མཐུན་ལག་ཁྱེར་ཨང་གྲངས་ནི་མཚོ་སོན་མཉམ་ཡིག་ཨང003པ་ཡིན། 2019ལོའི་ཟླ1པར། ཉིང་ཞ་ཞིང་ལས་སྐྱེ་དངོས་སོན་རིགས་ཞིབ་བཤེར་གཏན་འབེབས་ཨུ་ལྷན་གྱིས་ཞིབ་བཤེར་གཏན་འབེབས་གྲོས་འཆམ་བྱུང་བས། མིང་ལའང་ཉིན་ཕན་ཨང1པ་ཞེས་བཏགས། སོན་རིགས་ཀྱི་ཚད་མཐུན་ལག་ཁྱེར་ཨང་གྲངས་ནི་ཉིང་ཞིང་སོན་ཞིབ་བཤེར་ཡིག་ཨང9417ཡིན།

(གཉིས) ཁྱད་རྟགས་དང་ཁྱད་གཤིས།

དཔྱིད་གཤིས་དང་ཕྱི་སྨིན་གྱི་སོན་རིགས་ཡིན། སྐྱེ་འཚོར་དུས་ཡུན་ཉིན120ཡིན། ལྗང་བུའི་ཕྱེད་ཀ་དྲང་མོར་སྐྱེས་པ་དང་མདོག་ལྗང་དམར་ཡིན། སྡོང་རྐང་གི་མཐོ་ཚད་ལ་ལི་སྨི130~160ཡོད། གཞུང་རྟ་མཐོ་བ་དང་མདོག་ལྗང་སྐྱ་ཡིན། གཞུང་རྟའི་སྟེང་དུ་སྤུ་ཚིལ་གྱི་ཕྱི་ཤུན་བཀབ་ཡོད། ཕན་ནུས་ལྡན་པའི་ཁ་དབྱག1~2ཡོད། ལོ་མ་མང་གྲེས་མདོག་སྔོན་པོ་ཡིན། འདབ་ཚུང་ཆ2~3གྱིས་གྲུབ་པ་དང་། ལོ་མའི་མཐའ་སྙོམས་ཚུང་ཞིང་འཛོང་དབྱིབས་ནར་མོ་ཡིན། ཞབས་སྐྱོར་ལོ་མ་ལྗང་མདོག་དང་ལོ་མ་ཤོ་རལ་ཡོད། འདབ་ཚུང་དང་ཞབས་སྐྱོར་ལོ་མར་ཟད་གོག་ཁྲ་ཐིག་ཅུང་། ཞབས་སྐྱོར་ལོ་མའི་འདབ་མཚན་འོག་ཏུ་མེ་ཏོག་སྡོ་ཐིག་ཡོད། མེ་ཏོག་དམར་སྨུག་ཟབ་མོ་ཡིན་པ་དང་ཆེ་དམར་སྨུག་དང་། གཤོག་དབྱིབས་འདབ་མ་དམར་སྨུག་ཟབ་མོ་དང་འབྲུག་གཟུགས་མའི་ལོ་འདབ་མ་སྐྱ་མདོག་ཡིན། གང་བུ་སྲ་མོ་གྲི་རིང་གི་དབྱིབས་ཡིན། གང་བུ་གསར་བ་ལྗང་ཁུ་འབྲས་བུ་སྨིན་རྗེས་སེར་མདོག་ཡིན། ས་བོན་གྱི་ཤུན་པགས་ལྗང་ཁུ་དང་དེའི་སྟེང་དུ་སྨུག་མདོག་གི་ཁྲ་ཐིག་ཡོད། སྒོར་དབྱིབས་ཡིན་ལ་འབྲུ་རྡོག་གི་ཚངས་ཐིག་ལི་སྨི0.7~0.78དང་། སྐྱེ་རྟེན་ལོ་མ་ལི་མདོག་སེར་པོ་ཡིན་ལ་སོན་ལྡེ་ཁམ་མདོག་ཡིན། སྡོང་རྐང་གཅིག་གི་སྟེང་དུ་གང་བུའི་གྲངས་ཀ14~18དང་། སྡོང་རྐང་གཅིག་གི་འབྲུ་རྡོག་གི་གྲངས་ཀ36~40ཡིན། སྡོང་རྐང་གཅིག་གི་འབྲུ་རྡོག་གི་ལྗིད་ཚད་ལ་ཁེ8.4~10.4དང་། འབྲུ་རྡོག་བརྒྱའི་ལྗིད་ཚད་ལ་ཁེ21.24~23.2བཅས་ཡོད། འབྲུ་རྡོག་གི་སིང་ཕྲེ་འདུས་ཚད43.747%དང་སྤྲི་དཀར་རྩུབ་མོའི་འདུས་ཚད23.78%ཡིན། རྩ་བ་རྟུལ་ནད་ཅུང་འགོག་ཐུབ་ཅིང་། ཐན་འགོག་རང་བཞིན་ལེགས་ཤིང་གྲང་དར་བཟོད་ཐུབ།

(གསུམ) ཐོན་ཚད་མངོན་ཚུལ།

སྤྱིར་བཏང་གི་ཐོན་ཚད་ནི་མུའུ་རེར་སྟོང་ཁེ200ཡིན། 1987ལོར་ལུང་མདོ་

ཞོང་ལི་ཅ་ཞིང་ཅའོ་ཅེ་ཕན་ནས་མུའུ3.75འདེབས་འཛུགས་བྱས་ཏེ། ཆ་སྙོམས་ཐོན་ཚད་ནི་མུའུ་རེར་སྟོང་ཁེ200.1ཡིན། 1989ལོར་ལུང་མདོ་ཞོང་མ་དབྱིན་ཞིང་གི་རི་ཐང་མཐོ་འབྲིང་ས་མཚམས་ནས་མུའུ2911འདེབས་འཛུགས་བྱས་པ་དང་ཆ་སྙོམས་ཐོན་ཚད་མུའུ་རེར་སྟོང་ཁེ212ཡིན།

(བཞི) བེད་སྤྱོད་རིན་ཐང་།

འབྲུ་རྗོག་ཆེ་བ་དང་ཤུན་མཐུག སིང་ཕྱེ་འདུས་ཚད་མཐོ་བ་བཅས་ཀྱིས། ལྷང་སྲུག་སྤོ་ཚལ་བཟོ་བ་དང་སིང་ཕྱེ་ལས་སྣོན་བྱེད་པར་འཚམ་པའི་འབྲུ་རྗོག་ཏུ་སྤྱོད་པའི་རིགས་ཀྱི་ལོ་ཏོག་རིགས་ཡིན།

(ལྔ) འདེབས་གསོའི་གཙོ་གནད།

ཟླ3པའི་ཟླ་སྨད་ནས་ཟླ4པའི་ཟླ་དཀྱིལ་དང་ཟླ་སྨད་དུ་སོན་འདེབས་བྱེད་ཅིང་། སོན་འདེབས་བྱེད་ཚད་མུའུ་རེར་སྟོང་ཁེ15དང་སོན་འདེབས་མཐུག་ཚད་མུའུ་རེར་སྟོང་ཀང་ཁྲི5.5~ཁྲི7 སྟོང་ཀང་གི་བར་ཐག་ལི་སྨི3~6དང་སྐར་ཕྲེང་གི་བར་ཐག་ལི་སྨི20ཡིན། སྨྱུ་གུའི་དུས་སུ་འབུ་སྲུང་དང་ས་འོག་གི་གནོད་འབུ་སྔོན་འགོག་བྱ་རྒྱུར་མཉམ་འཛོག་དགོས།

(དྲུག) འཚམ་མཐུན་ས་ཁུལ།

མཚོ་སྔོན་ཞིང་ཆེན་གྱི་རི་ཁུལ་དམའ་ཤོས་དང་རི་ཐང་མཚམས། དེ་བཞིན་རང་རྒྱལ་བྱང་ཕྱོགས་ཀྱི་སྲིན་ནག་ཁུལ་དུ་འདེབས་འཛུགས་བྱེད་པར་འཚམ།

གཉིས། ལྷའུ་ཞུས་ཕན171

(གཅིག) སོན་རིགས་འབྱུང་ཁུངས།

ལྷའུ་ཞུས་ཕན171ནི་མཚོ་སྔོན་ཞིང་ཆེན་ཞིང་ནགས་ཚན་རིག་ཁང་སྐྱེ་དངོས་སོན་གསོ་འདེབས་གསོ་ཞིབ་འཇུག་སུའོ་ཡིས1990ལོར་ལྷའུ་ཞུས་ཕན་མ་སྟོང་དང་། Ay55ཕ་སྟོང་བྱས་ཏེ་མཚན་ཡོད་རྒྱུད་འདྲེས་སྤེལ་སྦྱོར་བརྒྱུད་ནས་འདེབས་

གསོ་བྱས་པ་ལས་གྲུབ་པ་ཞིག་ཡིན། དེ་སྔའི་ཚབ་ཨང90–17–1ཡིན། 2001ལོའི་ཟླ12པར། མཚོ་སྔོན་ཞིང་ཆེན་ཞིང་ལས་སྐྱེ་དངོས་སོན་རིགས་ཞིབ་བཤེར་གཏན་འབེབས་ཨུ་ཡོན་ལྷན་ཁང་གིས་ཞིབ་བཤེར་གཏན་འབེབས་གྲོས་འཆམ་བྱུང་ཇེས། མིང་ལ་ལྷུའུ་ཞུས་ཕན171ཞེས་གཏན་ཁེལ་བྱས། སོན་རིགས་ཀྱི་ཚད་མཐུན་ལག་ཁྱེར་ཨང་གྲངས་ནི་མཚོ་སོན་མཉམ་ཡིག་ཨང0162ཡིན། ལྤང་སྨུག་ཐོས་ཆོག་པའི་སོན་རིགས་ཡིན།

(གཉིས) ཁྱད་རྟགས་དང་ཁྱད་གཤིས།

དཔྱིད་གཤིས་དང་བར་སྨིན་གྱི་སོན་རིགས་ཡིན། ལྤང་སྨུག་ཕྱེད་ཀ་དྲང་མོར་སྐྱེས་པ་དང་ལྤང་མདོག་ཡིན། འདབ་ཚུང་ཆ3~4ཡིས་གྲུབ་པ་དང་། འདབ་ཚུང་སོག་ལེའི་སོ་དང་འདྲ། འཇོང་དབྱིབས་ནར་མོ་དང་འདབ་ཚུང་སྟེང་དུ་ཟད་གོག་ཐིག་ལེ་ཅུང་ལ། ཞབས་སྐྱོར་ལོ་མ་མངོན་གསལ་ཡིན། ཞབས་སྐྱོར་ལོ་མའི་འདབ་མཆན་དུ་མེ་ཏོག་སྡོ་ཐིག་མེད། གཞུང་རྟ་མཐོ་བ་དང་ལྤང་སྐྱ་ཡིན། གཞུང་རྟའི་སྟེང་དུ་སྤྲ་ཚིལ་གྱི་ཕྱི་ཤུན་བཀབ་ཅིང་། སྡོང་རྐང་གི་མཐོ་ཚད་ལ་ལི་སྨི130~150ཡོད། པན་ནུས་ལྡན་པའི་ཁ་དབྲག1~3ཡོད། མེ་ཏོག་དཀར་པོ་ཡིན་པ་དང་། དར་ཆའི་དབྱིབས་ཀྱི་འདབ་མ་དང་འབྲུག་གཟུགས་མའི་ལོ་འདབ་མ། གཤོག་དབྱིབས་འདབ་མ་ཚང་མ་དཀར་པོ་ཡིན། གང་བུ་སྲ་མོ་གྲི་དབྱིབས་ཡིན། གང་བུ་གསར་བ་ལྤང་ཁུ་དང་འབྲས་བུ་སྨིན་ཇེས་སེར་མདོག་ཡིན། འབྲུ་རྡོག་དཀར་པོ་དང་སྒོར་དབྱིབས་ཡིན། འབྲུ་རྡོག་གི་ཚངས་ཐིག་ལི་སྨི0.36~0.44ཡོད། སོན་ལྟེ་སེར་སྐྱ་ཡིན། སྡོང་རྐང་གཅིག་ལ་གང་བུའི་གྲངས་ཀ22~26དང་། སྡོང་རྐང་གཅིག་ལ་འབྲུ་རྡོག110~124ཡོད། སྡོང་རྐང་གཅིག་གི་འབྲུ་རྡོག་གི་ལྗིད་ཚད་ལ་ཁེ20.5~26.7དང་། འབྲུ་རྡོག་སྟོང་གི་ལྗིད་ཚད་ལ་ཁེ183.2~217.8ཡོད། འབྲུ་རྡོག་གི་སིང་ཕྱེ་འདུས་ཚད51.38%དང་སྤྲི་དཀར་རིགས་པོའི་འདུས་ཚད22.66%ཡིན། སྨུ་གུ་གསར་

བའི་སྲི་དཀར་གྱི་འདུས་ཚད5.06%དང་ཞུ་ཅུང་རང་བཞིན་གྱི་མངར་ཆ་འདུས་ཚད3.53% འཚོ་བཅུདCའདུས་ཚད་ཧའོ་ཁེ190འམ་ཁེ100ཡིན། སྐྱེ་འཚར་དུས་ཡུན་ཉིན109ཡིན། རྩ་བ་རུལ་ནད་དང་སྤྲི་དཀར་ནད་ཅུང་འགོག་ཐུབ།

(གསུམ) ཐོན་ཚད་མངོན་ཚུལ།

སྤྱིར་བཏང་དུ་སོན་འབྲུ་སྐམ་པོའི་ཐོན་ཚད་ནི་མུའུ་རེར་སྟོང་ཁེ200~260ཡིན་པ་དང་། 2001ལོར་མཚོ་སྔོ་ཁུལ་གུང་ཧོ་རྫོང་ཆབ་ཆ་གྲོང་རྡལ་སོར་རྒྱག་སྣེ་བར་མུའུ0.2བཏབ་ཅིང་། ཐོན་ཚད་མུའུ་རེར་སྟོང་ཁེ253.2ཟིན། སྦུ་གུ་གསར་བའི་ཐོན་ཚད་མུའུ་རེར་སྟོང་ཁེ800~1500ཟིན། 2001ལོར་ཟི་ལིང་མ་ཆུང་ཞི་ཞིན་ཡོན་སྣེ་བར་མུའུ0.25བཏབ་པ་དང་སྦུ་གུ་གསར་བའི་ཐོན་ཚད་མུའུ་རེར་སྟོང་ཁེ1462.2ཟིན་ཡོད།

(བཞི) བེད་སྤྱོད་རིན་ཐང་།

ལྷང་སྦུག་གསར་བ་ལྷང་ཁུ་དང་དང་སླི་མོ་ཡིན་པས། སོས་བཟའ་འཚམ་པའི་སོན་སྤྱོད་རིགས་ཀྱི་སོན་རིགས་ཡིན།

(ལྔ) འདེབས་གསོའི་གཙོ་གནད།

ཟླ3པའི་ཟླ་སྨད་ནས་ཟླ4པའི་ཟླ་དཀྱིལ་དང་ཟླ་སྨད་དུ་སོན་འདེབས་བྱེད་པ་དང་། མུའུ་རེར་སོན་འདེབས་བྱེད་ཚད་ཁེ15ཡིན། སོན་འདེབས་མཐུག་ཚད་མུའུ་རེར་སྟོང་ཕྲང་ཁྲི5~ཁྲི6དང་། སྟོང་ཕྲང་གི་བར་ཐག་ལི་སྨི24དང་སྟར་ཕྲེང་གི་བར་ཐག་ལི་སྨི20ཡིན། སྟར་ཕྲེང་གཅིག་གི་བར་མཚམས་སུ་སོན་ཕྲེང་གཉིས་རེ་ཡིན། ཆུ་གཏོང་ཆ་རྐྱེན་ཡོད་པའི་ས་ཁུལ་དུ་མེ་ཏོག་ཐོག་མར་བཞད་པའི་དུས་དང་གང་བུའི་དུས་སུ་ཆུ་ཐེངས1~2གཏོང་དགོས། སྦུ་གུ་འཐོག་པའི་སྐབས་སུ་ཆུ་གཏོང་བ་དང་ཟུང་འབྲེལ་བྱས་ཏེ་མུའུ་རེར་ཏན་ལུད་ལྕྱད་མེད་སྟོང་ཁེ45~60རྒྱག་དགོས། དུས་བགོས་ཏེ་འདེབས་པ་དང་དུས་བགོས་ནས་སྦུ་གུ་བཏོག་དགོས། སྦུ་གུ་བུད་རྗེས་ཉིན30~35འཐུ་དགོས། ཉིན4~5རེའི་ནང་དུ་ཐེངས་རེར་འཐུ་དགོས། སྦུ་གུའི་དུས་སུ་

འབུ་སྦྲང་དང་ས་འོག་གནོད་འབུའི་གནོད་འཚེ་མཉམ་འཛོག་བྱེད་དགོས།

(དྲུག) འཚམ་མཐུན་ས་ཁུལ།

མཚོ་སྔོན་ཞིང་ཆེན་ཤར་རྒྱུད་ཀྱི་ཞིང་ལས་ཁུལ་གྱི་ཆུ་འདྲེན་ས་ཞིང་སྟེང་དུ་འདེབས་འཛུགས་བྱེད་པར་འཚམ།

གསུམ། ཨ་ཅི་ཁེ་སི།

(གཅིག) སོན་རིགས་འབྱུང་ཁུངས།

ཨ་ཅི་ཁེ་སི་ནི་མཚོ་སྔོན་ཞིང་ཆེན་ཞིང་ནགས་ཚན་རིག་ཁང་སྐྱེ་དངོས་སོན་གསོ་འདེབས་གསོ་ཞིབ་འཇུག་སྤུའོ་ཡིས1982ལོར་ཧྲང་ཧྲའི་གྲོང་ཁྱེར་ཞིང་ལས་ཚན་རིག་ཁང་ནས་ནང་འདྲེན་བྱས་པ(ཐོག་མའི་ཐོན་ཡུལ་ནེའུ་ཅི་ལན)ཞིག་ཡིན་པ་དང་། ལོ་མང་མཉམ་བསྲེས་འདེམས་གསོ་བྱས་པ་བརྒྱུད་ནས་གྲུབ་པ་ཞིག་ཡིན། ཐོག་མའི་མིང་ལ་ཨ་ཅི་ཁེ་སི་ཟེར། 1998ལོའི་ཟླ3པར། མཚོ་སྔོན་ཞིང་ཆེན་ཞིང་ལས་སྐྱེ་དངོས་སོན་རིགས་ཞིབ་བཤེར་གཏན་འབེབས་ཨུ་ཡོན་ལྷན་ཁང་གིས་ཞིབ་བཤེར་གཏན་འབེབས་གྲོས་འཆམ་བྱུང་རྗེས། མིང་ལ་ཨ་ཅི་ཁེ་སི་ཞེས་གཏན་ཁེལ་བྱས་པ་དང་སོན་རིགས་ཚད་མཐུན་ལག་ཁྱེར་ཨང་གྲངས་ནི་མཚོ་སོན་མཉམ་ཡིག་ཨང0120ཡིན། ལྷགས་ཀྱིན་གསོག་ཉར་རིགས་ཀྱི་སོན་རིགས་ཡིན།

(གཉིས) ཁྱད་རྟགས་དང་ཁྱད་གཤིས།

དཔྱིད་གཤིས་དང་བར་སླེབ་སོན་རིགས་ཡིན། སྦུ་གུ་དྲང་མོར་སྐྱེས་ཤིང་མདོག་ལྗང་ནག་ཡིན་ལ། ལོ་མ་མང་གྲས་མདོག་ལྗང་ནག་དང་འཛོང་དབྱིབས་ནར་མོ་ཡིན། འདབ་ཆུང་ཆ2~3གྱིས་གྲུབ་པ་དང་། འདབ་ཆུང་སོག་ལེའི་སོ་དང་འདྲ། འདབ་ཆུང་སྟེང་དུ་ཟད་གོག་ཐིག་ལེ་ཙུང་། ཞབས་སྐྱོར་ལོ་མའི་སྟེང་དུ་ཟད་གོག་ཁྲ་ཐིག་མངོན་གསལ་ཡིན། ལོ་མ་ལྦང་ཁུ་དང་ལོ་མའི་ཤ་རལ་མེད། ཞབས་སྐྱོར་ལོ་མའི་འདབ་མཚན་དུ་མེ་ཏོག་སྔོ་ཐིག་མེད། གཞུང་རྩ་ཕྱེད་ཙམ་བུད་པ་དང་

མདོག་ལྗང་སྐྱ་ཡིན། གཞུང་རྟའི་སྟེང་དུ་སྤྲ་ཚིལ་གྱི་ཕྱེ་ཤུན་བཀབ་ཅིང་། སྡོང་རྐང་གི་མཐོ་ཚད་ལ་ལི་སྨི70~90བར་དང་ཕན་ནུས་ལྡན་པའི་ཁ་དབྲག1~3ཡོད། མེ་ཏོག་དཀར་པོ་ཡིན་པ་དང་། དར་ཆའི་དབྱིབས་ཀྱི་འདབ་མ་དང་འབྲུག་གཟུགས་མའི་ལོ་འདབ་མ། གཞོག་དབྱིབས་འདབ་མའི་ཚང་མ་དཀར་པོ་ཡིན། གང་བུ་སྲ་མོ་དྲང་མོ་དང་། སོ་སྲན་ལྗང་ནག་དང་འབྲས་བུ་སྨིན་རྗེས་སེར་སྐྱའི་མདོག་ཡིན། འབྲུ་རྡོག་གསར་བ་ལྗང་ཁུ་དང་འབྲུ་རྡོག་སྐམ་པོ་གཉེར་མ་ཅན་ལྗང་སྐྱ་དང་ལྗང་མདོག་ཡིན། སྐྱེ་རྟེན་ལོ་མ་ལྗང་ཁུ་དང་འབྲུ་རྡོག་ཚངས་ཐིག་ལ་ལི་སྨི0.7~0.8ཡོད། སོན་ལྟེ་སེར་སྐྱ་ཡིན། སྡོང་རྐང་གཅིག་གི་གང་བུའི་གྲངས་ཀ15~18དང་སྡོང་རྐང་གཅིག་ལ་འབྲུ་རྡོག70~100ཡོད། སྡོང་རྐང་གཅིག་གི་འབྲུ་རྡོག་ལྗིད་ཚད་ལ་ཁེ12~18དང་སོན་འབྲུ་སྐམ་པོ་འབྲུ་རྡོག་སྟོང་གི་ལྗིད་ཚད་ལ་ཁེ190~220ཡོད། སོན་འབྲུ་སྐམ་པོའི་སིང་ཕྱེ་འདུས་ཚད40.41%དང་སྤྲི་དཀར་རིགས་མོའི་འདུས་ཚད24.98% ཚི་སྣ་རིགས་པོའི་འདུས་ཚད6.74%ཡིན། སོན་འབྲུ་གསར་བའི་ཞུ་ཐུང་རང་བཞིན་གྱི་མངར་ཆ་འདུས་ཚད6.43%དང་སྤྲི་དཀར་རིགས་པོའི་འདུས་ཚད5.72%། འཚོ་རྒྱུCའདུས་ཚད་ཧའོ་ཁེ45.46གམ་ཁེ100ཡོད། འབྲུ་རྡོག་བཙོས་རྗེས་པགས་པ་མི་གས་པ་དང་སོ་སྲན་འབྲུ་རྡོག་གཡོས་སྦྱོར་བྱས་རྗེས་མདོག་སོ་ལྗང་ཡིན། སྐྱེ་འཚར་དུས་ཡུན་ཉིན107ཡིན། འགྱེལ་བ་འགོག་ཐུབ་པ་དང་། རྩ་རུལ་ནད་དང་ཕྱེ་དཀར་གྱི་ནད་འགོག་ཐུབ།

(གསུམ) ཐོན་ཚད་མངོན་ཚུལ།

སྤྱིར་བཏང་དུ་སོན་འབྲུ་སྐམ་པོའི་ཐོན་ཚད་ནི་མུའུ་རེར་སྟོང་ཁེ200~250ཡིན་པ་དང་། འབྲུ་རྡོག་སོས་པའི་ཐོན་ཚད་མུའུ་རེར་སྟོང་ཁེ500~600ཡིན།

(བཞི) བེད་སྤྱོད་རིན་ཐང་།

སོན་འབྲུ་སོས་པའི་ས་བོན་གྱི་པགས་པ་དང་སྐྱེ་རྟེན་ལོ་མ་གཡུ་མདོག་ཡིན་

པས། ལྕུགས་ཀྲིན་བཟོ་བ་དང་སྤུར་འཁྲུག་སོས་ཞར་འབྲུ་རྫོག་ཏུ་སྤྱོད་པར་འཚམ་པའི་སོན་རིགས་ཡིན།

(ལྔ) འདེབས་གསོའི་གཙོ་གནད།

ཟླ3པའི་ཟླ་སྨད་ནས་ཟླ4པའི་ཟླ་དཀྱིལ་དང་ཟླ་སྨད་དུ་སོན་འདེབས་བྱེད་པ་དང་། མུའུ་རེར་སོན་འདེབས་བྱེད་ཚད་ཁེ15ཡིན། སོན་འདེབས་མཐུག་ཚད་མུའུ་རེར་སྡོང་ཁང་ཁྲི5~ཁྲི6.5དང་སྡོང་ཁང་གི་བར་ཐག་ལི་སྨི36དང་སྟར་ཕྲེང་གི་བར་ཐག་ལི་སྨི25~30ཡིན། ཆུ་གཏོང་ཆ་རྐྱེན་ཡོད་པའི་ས་ཁུལ་དུ་མེ་ཏོག་ཐོག་མར་བཞད་པའི་དུས་དང་སྙེ་མ་མིག་ལྡུག་གི་དུས་སུ་ཆུ་ཐེངས1~2གཏོང་དགོས། ཆུ་གཏོང་བ་དང་ཟུང་འབྲེལ་བྱས་ཏེ་མུའུ་རེར་གཅིན་རྒྱ་སྡོང་ཁེ30~60རྒྱག་དགོས་ཤིང་། སྨུ་གུའི་དུས་སུ་འབུ་སྲིད་དང་ས་འོག་གནོད་འབུ་ལ་མཉམ་འཛོག་བྱེད་དགོས།

(དྲུག) འཚམ་མཐུན་ས་ཁུལ།

མཚོ་སྔོན་ཞིང་ཆེན་གྱི་ཤར་རྒྱུད་ཞིང་ལས་ས་ཁུལ་དང་ཐན་སྐམ་མཐོ་རིམ་ས་ཁུལ། མཚོ་ནུབ་དང་མཚོ་ལྷོའི་ཞིང་ལས་ས་ཁུལ་བཅས་སུ་འདེབས་འཛུགས་བྱེད་པར་འཚམ།

བཞི། རྫ་ཐང276

(གཅིག) སོན་རིགས་འབྱུང་ཁུངས།

རྫ་ཐང276ནི་མཚོ་སྔོན་ཞིང་ཆེན་ཞིང་ནགས་ཚན་རིག་ཁང་ལོ་ཏོག་སོན་གསོ་འདེབས་གསོ་ཞིབ་འཇུག་སུའོ་ཡིས1985ལོར་ཨ་ཅི་ཁེ་སི་མ་སྡོང་དངA695པ་སྡོང་བྱས་ཏེ་མཚན་ཡོད་རྒྱུད་འདྲེས་སྦེབ་སྦྱོར་བརྒྱུད་ནས་འདེབས་གསོ་ལས་གྲུབ་པ་ཞིག་ཡིན། སྤ་མའི་ཚབ་རྟགས86~276ཡིན། 1998ལོའི་ཟླ11པར། མཚོ་སྔོན་ཞིང་ཆེན་ཞིང་ལས་སྐྱེ་དངོས་སོན་རིགས་ཞིབ་བཤེར་གཏན་འབེབས་ཨུ་ཡོན་ལྷན་ཁང་གིས་ཞིབ་བཤེར་གཏན་འབེབས་གྲོས་འཆམ་བྱུང་རྗེས། མིང་ལ་རྫ་ཐང276ཞེས་གཏན་

ཁེལ་བྱས་པ་དང་སོན་རིགས་ཀྱི་ཚད་མཐུན་ལག་ཁྱེར་ཨང་གྲངས་ནི་མཚོ་སོན་མཉམ་ཡིག་ཨང0119ཡིན།

(གཉིས) ཁྱད་རྟགས་དང་ཁྱད་གཤིས།

དཔྱིད་གཤིས་དང་བར་སྨིན་སོན་རིགས་ཡིན། སྦུ་གུ་དྲང་མོར་སྐྱེས་ཤིང་མདོག་ལྗང་ཁུ་ཡིན། ལོ་མ་མང་གྲེས་ཚང་མ་འཁྱིལ་སྦུ་དང་ཞབས་སྐོར་ལོ་མ་ལྗང་ཁུ་ཡིན་ཞིང་ལོ་མ་ལ་ཤ་རལ་མེད། ཞབས་སྐོར་ལོ་མའི་སྟེང་དུ་ཟད་གོག་ཁྲ་ཐིག་མངོན་གསལ་ཡིན། ཞབས་སྐོར་ལོ་མའི་འདབ་མཆན་དུ་མེ་ཏོག་སྨུ་ཐིག་མེད། གཞུང་རྟ་ཕྲེད་ཙམ་ཐུང་བ་དང་མདོག་ལྗང་སྐྱ་ཡིན། གཞུང་རྟའི་སྟེང་དུ་སྤྲ་ཚིལ་གྱི་ཕྱི་ཤུན་བཀབ་ཅིང་། སྡོང་ཕང་མཐོ་ཚད་ལ་ལི་སྨི65~75དང་ཕན་ནུས་ལྡན་པའི་ཁ་དབྲག1~3ཡོད། མེ་ཏོག་དཀར་པོ་ཡིན་པ་དང་། དར་ཆའི་དབྱིབས་ཀྱི་འདབ་མ་དང་འབྲུག་གཟུགས་མའི་ལོ་འདབ་མ། གཤོག་དབྱིབས་འདབ་མ་ཚང་མ་དཀར་པོ་ཡིན། གང་བུ་སྲ་མོ་དྲང་མོ་དང་། སྨོ་སྲན་ལྗང་ནག་དང་འབྲས་བུ་སྨིན་རྗེས་མདོག་སེར་སྐྱའི་ཡིན། ཤུན་པགས་དཀར་པོ་དང་སྒོར་དབྱིབས་ཡིན། འབྲུ་རྡོག་གི་ཚངས་ཐིག་ལི་སྨི0.8~0.9དང་སྐྱེ་རྟེན་ལོ་མ་ལི་མདོག་སེར་པོ་དང་སོན་ལྟེ་སྐྱ་སེར་ཡིན། སྡོང་ཕང་གཅིག་གི་གང་བུའི་གྲངས་ཀ16~18དང་། གང་བུ་གཉིས་ཀྱི་ཐོགས་ཚད71.0%~81.6%ཡིན། སྡོང་ཕང་གཅིག་ལ་འབྲུ་རྡོག38~58སྡོང་ཕང་གཅིག་གི་འབྲུ་རྡོག་ལྗིད་ཚད་ལ་ཁེ14.7~18.5ཡོད། འབྲུ་རྡོག་སྟོང་གི་ལྗིད་ཚད་ལ་ཁེ267.7~284.9ཡོད། སོན་འབྲུའི་སེང་ཕྱེ་འདུས་ཚད50.63%དང་སྤྲི་དཀར་རྒྱུབ་མོའི་འདུས་ཚད24.69%ཡིན། སྐྱེ་འཚར་དུས་ཡུན་ཉིན105ཡིན། འགྱེལ་བ་འགོག་ཐུབ་པ་དང་། རྩ་རུལ་ནད་དང་ཕྱེ་དཀར་ནད་ཅུང་འགོག་ཐུབ། ཐན་པ་འགོག་པའི་ནུས་པ་ཅུང་ཞན།

(གསུམ) ཐོན་ཚད་མངོན་ཚུལ།

སྤྱིར་བཏང་གི་ཐོན་ཚད་མུའུ་རེར་སྟོང་ཁེ250~300ཡིན། 1997ལོར་མཚོ་སྔོན་

ཞིང་ཆེན་གྱི་མིན་ཏོ་རྫོང་དང་ལུང་མདོ་རྫོང་དུ་ཆོད་འདེབས་བྱས་རྗེས། ཐོན་ཚད་མུའུ་རེར་སྟོང་ཁེ300ཡན་ཟིན།

(བཞི) བེད་སྤྱོད་རིན་ཐང་།

འབྲུ་རྫིག་ཆེ་བ་དང་དཀར་ཞིང་སྒོར། སིང་ཕྱེ་དང་སྤྲི་དཀར་རྩུབ་མོའི་འདུས་ཚད་མཐོ་བས། སྦྲུས་འགྱུར་དང་སིང་ཕྱེ་ལས་སྣོན་བྱེད་པར་འཚམ་པའི་འབྲུ་རྫིག་ཏུ་སྤྱོད་པའི་སོན་རིགས་ཡིན།

(ལྔ) འདེབས་གསོའི་གཙོ་གནད།

ཟླ3པའི་ཟླ་སྨད་ནས་ཟླ4པའི་ཟླ་དཀྱིལ་དང་ཟླ་སྨད་དུ་སོན་འདེབས་བྱེད་པ་དང་། མུའུ་རེར་སོན་འདེབས་བྱེད་ཚད་སྟོང་ཁེ15~17.5ཡིན། སོན་འདེབས་མཐུག་ཚད་མུའུ་རེར་སྡོང་ཀང་ཁྲི5.5~ཁྲི7.5དང་། སྡོང་ཀང་གི་བར་ཐག་ལི་སྨི3~6དང་སྟར་ཕྲེང་གི་བར་ཐག་ལི་སྨི20ཡིན། མེ་ཏོག་ཐོག་མར་བཞད་པའི་དུས་དང་སྙེ་མ་མིག་ཕྲུག་གི་དུས་སུ་ཆུ་གཏོང་དགོས། སྨུ་གུའི་དུས་སུ་འབུ་སྦྲང་དང་ས་འོག་གི་གནོད་འབུ་ལ་སྔོན་དུ་འགོག་བཅོས་བྱ་རྒྱུར་མཉམ་འཛོག་བྱེད་དགོས།

(དྲུག) འཚམ་མཐུན་ས་ཁུལ།

མཚོ་སྔོན་ཞིང་ཆེན་ཤར་ཕྱོགས་ཀྱི་ཞིང་ལས་ས་ཁུལ་དང་ཙྭ་འདམ་ཞིང་ཆུ་འདྲེན་ཁུལ་དུ་འདེབས་འཛུགས་བྱེད་པ་དང་། རང་རྒྱལ་བྱང་ཕྱོགས་ཀྱི་སྲུན་ནག་ཁུལ་དུ་འདེབས་འཛུགས་བྱེད་པར་འཚམ།

ཉེར། རྩ་ཐང་ཨང20པ།

(གཅིག) སོན་རིགས་འབྱུང་ཁུངས།

རྩ་ཐང་ཨང20པ་ནི་མཚོ་སྔོན་ཞིང་ཆེན་ཞིང་ནགས་ཚན་རིག་ཁང་སྐྱེ་དངོས་སོན་གསོ་འདེབས་གསོ་ཞིབ་འཇུག་སུའོ་ཡིས1990ལོར་ཨ་རི་ནས་ནང་འདྲེན་བྱས་པའི་རིམ་མཐོའི་རིགས་རྒྱུད་ཚན་ཁག Ricqrdoནང་དུ། ལོ་མང་བརྒྱུད་རིམ་

ལྡན་པའི་ངང་འདེམས་གསོ་བྱས་པ་བརྒྱུད་ནས་གྲུབ་པ་ཞིག་ཡིན། སྡེ་མོའི་ཚབ་རྟགས་Ay749ཡིན། 2005ལོའི་ཟླ1པར། མཚོ་སྔོན་ཞིང་ཆེན་ཞིང་ལས་སྐྱེ་དངོས་སོན་རིགས་ཞིབ་བཤེར་གཏན་འབེབས་ཨུ་ཡོན་ལྷན་ཁང་གིས་ཞིབ་བཤེར་གཏན་འབེབས་གྲོས་འཆམ་བྱུང་རྗེས། མིང་ལ་རྩྭ་ཐང་ཨང20ཞེས་གཏན་ཁེལ་བྱས། སོན་རིགས་ཚད་མཐུན་ལག་ཁྱེར་ཨང་གྲངས་ནི་མཚོ་སོན་མཉམ་ཡིག་ཨང0193ཡིན།

(གཉིས) ཁྱད་རྟགས་དང་ཁྱད་གཤིས།

དཔྱིད་གཤིས་དང་བར་སྨིན་སོན་རིགས་ཡིན། སྦུ་གུ་དྲང་མོར་སྐྱེས་ཤིང་མདོག་ལྗང་ཁུ་ཡིན། ལོ་མ་མང་གྲེས་ཀྱང་མདོག་ལྗང་ཁུ་ཡིན་ལ། འདབ་ཆུང་ཚ2~3གྲིས་གྲུབ། འདབ་ཆུང་སོག་ལེའི་ཁ་དང་འཇོང་དབྱིབས་ནར་མོ་ཡིན། ཞབས་སྐོར་ལོ་མའི་འདབ་མཆན་འོག་ཏུ་ཁྲ་རིས་མེད། གཞུང་རྩ་ཐུང་བ་དང་མདོག་ལྗང་སྐྱ་ཡིན། གཞུང་རྩའི་སྟེང་དུ་སྤུ་ཚིལ་གྱི་ཕྱི་ཤུན་བཀབ་ཅིང་། སྡོང་རྐང་མཐོ་ཚད་ལ་ལི་སྨི50~60དང་ཕན་ནུས་ལྡན་པའི་ཁ་དབྲག2~3ཡོད། མེ་ཏོག་དཀར་པོ་ཡིན་པ་དང་། དར་ཆའི་དབྱིབས་ཀྱི་འདབ་མ་དང་འབྲུག་གཟུགས་མའི་ལོ་འདབ་མ། གཤོག་དབྱིབས་འདབ་མ་ཚང་མ་དཀར་པོ་ཡིན། གང་བུ་སྲུ་མོ་གྲི་དབྱིབས་དང་། སྡོ་སྨན་ལྗང་ཁུ་དང་གང་བུ་འབྲས་བུ་སྨིན་རྗེས་མདོག་སེར་སྐྱའི་ཡིན། སོན་འབྲུ་སྐམ་པོ་མདོག་ལྗང་ཁུ་དང་སྒོར་དབྱིབས་ཡིན། འབྲུ་ཇོག་ཚངས་ཐིག་ལི་སྨི0.45~0.55ཡོད་པ་དང་སོན་ལྤེ་སེར་པོ་ཡིན། སྡོང་རྐང་གཅིག་གི་གང་བུའི་གྲངས་ཀ15~20དང་སྡོང་རྐང་གཅིག་གི་སྟེང་དུ་འབྲུ་ཇོག45~65ཡོད། སྡོང་རྐང་གཅིག་གི་འབྲུ་ཇོག་གི་ལྗིད་ཚད་ལ་ཁེ15.2~23.2དང་། སོན་འབྲུ་སྐམ་པོ་སྟོང་གི་ལྗིད་ཚད་ལ་ཁེ240~280ཡོད། སོན་འབྲུ་སྐམ་པོའི་སིང་ཕྲེ་འདུས་ཚད47.4%དང་སྤྲི་དཀར་རགས་མོ་འདུས་ཚད20.82%ཡིན། སོན་འབྲུ་སོས་པའི་སྤྲི་དཀར་གྱི་འདུས་ཚད7.69%དང་ཞུ་ཅུང་རང་བཞིན་གྱི་མངར་ཆ་འདུས་ཚད2.74% འཚོ་རྒྱུCའདུས་ཚད་ཧྲོ་ཁེ31.4

འམ་ཁི100ཡོད། འཁྱིལ་བ་འགོག་ཐུབ་པ་དང་ཐན་པ་ཐེག་ཚད་འབྲིང་ཙམ་ཡིན། སྐྱེ་འཚར་དུས་ཡུན་ཉིན102ཡིན།

(གསུམ) ཐོན་ཚད་མངོན་ཚུལ།

སྤྱིར་བཏང་དུ་སོན་འབྲུ་སྨམ་པོའི་ཐོན་ཚད་མུའུ་རེར་སྟོང་ཁི200~220ཡིན་པ་དང་། 2003ལོར་མཚོ་ལྷོ་ཁུལ་གུང་ཧོ་རྫོང་ཆབ་ཆ་གྲོང་རྡལ་དུ་མུའུ0.2བཏབ་པར་ཐོན་ཚད་མུའུ་རེར་སྟོང་ཁི213.5ཡིན། སོན་འབྲུ་སོས་པའི་ཐོན་ཚད་ནི་མུའུ་རེར་སྟོང་ཁི800~1000ཡིན། 2003ལོར་མཚོ་སྔོན་ཞིང་ཆེན་ཞིང་ནགས་ཚན་རིག་ཁང་གི་ལོ་ཏོག་སུའོ་ཡིས་ཚོད་ལྟ་བྱས་ཏེ་ས་ཞིང་མུའུ0.17བཏབ་པར་ཐོན་ཚད་མུའུ་རེར་སྟོང་ཁི825.7ཟིན།

(བཞི) བེད་སྤྱོད་རིན་ཐང་།

སོན་འབྲུའི་ཤུན་པགས་དང་སྙི་རྟེན་ལོ་མ་ལྡང་མདོག་རིལ་རྗོག་ཡིན་པས། ལྷགས་ཀྱིན་བཟོ་བ་དང་སྦོས་འགྱུར། སྦུར་འཁྲུགས་གསར་ཉར་བཅས་ལ་འཚམ་པའི་འབྲུ་རྗོག་ཏུ་སྤྱོད་པའི་སོན་རིགས་ཡིན།

(ལྔ) འདེབས་གསོའི་གཙོ་གནད།

ཟླ3པའི་ཟླ་སྨད་ནས་ཟླ4པའི་ཟླ་དཀྱིལ་དང་ཟླ་སྨད་དུ་སོན་འདེབས་བྱེད་པ་དང་། མུའུ་རེར་སོན་འདེབས་བྱེད་ཚད་ཁེ་སྟོང་15ཡིན། སོན་འདེབས་མཐུག་ཚད་མུའུ་རེར་སྟོང་ཀྲང་ཁྲི5~ཁྲི6དང་། སྟོང་ཀྲང་གི་བར་ཐག་ལི་སྨི36དང་སྟར་ཕྲེང་གི་བར་ཐག་ལི་སྨི25~30ཡིན། ཆུ་གཏོང་ཆ་རྐྱེན་ཡོད་པའི་ས་ཁུལ་དུ་མེ་ཏོག་ཐོག་མར་བཞད་པའི་དུས་དང་གང་བུ་ཐོགས་པའི་དུས་སུ་ཆུ་ཐེངས1~2གཏོང་དགོས། སྨུ་གུའི་དུས་སུ་འབུ་སྲིང་དང་ས་འོག་གནོད་འབུས་གནོད་པ་ཐེབས་པར་མཉམ་འཛོག་བྱེད་དགོས།

(དྲུག) འཚམ་མཐུན་ས་ཁུལ།

མཚོ་སྔོན་ཞིང་ཆེན་གྱི་ས་བབ་དམའ་མོ་དང་ཐན་སྨམ་དམའ་འབྲིང་རིམ་པའི་

ས་ཁུལ་དང་དེ་བཞིན་ཚྭ་འདམ་གྱི་ཞིང་ཆུ་འདྲེན་ཁུལ་དུ་འདེབས་འཛུགས་བྱས་ན་འཚམ།

དྲུག ཀྱྭ་ཐང་ཨང2པ།

(གཅིག) སོན་རིགས་འབྱུང་ཁུངས།

ཀྱྭ་ཐང་ཨང2པ་ནི་མཚོ་སྔོན་ཞིང་ཆེན་ཞིང་ནགས་ཚན་རིག་ཁང་སྐྱེ་དངོས་སོན་གསོ་འདེབས་གསོ་ཞིབ་འཇུག་སྡེའོ་ཡིས1995ལོར་ནེའུ་ཙི་ལན་དུ་ནང་འདྲེན་བྱས་པའི་ཚོང་ཟོག་སྨན་ནག་ལོ་ངོ་མང་པོར་བརྒྱུད་རིམ་ལྡན་པའི་ངང་འདེམས་གསོ་བྱས་པ་ཞིག་ཡིན། 2004ལོའི་ཟླ2པར། མཚོ་སྔོན་ཞིང་ཆེན་ཞིང་ལས་སྐྱེ་དངོས་སོན་རིགས་ཞིབ་བཤེར་གཏན་འབེབས་ཨུ་ཡོན་ལྷན་ཁང་གིས་ཞིབ་བཤེར་གཏན་འབེབས་གྲོས་འཆམ་བྱུང་ཞིང་། སོན་རིགས་ཀྱི་ཚད་མཐུན་ལག་ཁྱེར་ཨང་གྲངས་ནི་མཚོ་སོན་མཉམ་ཡིག་ཨང0176ཡིན།

(གཉིས) ཁྱད་རྟགས་དང་ཁྱད་གཤིས།

དཔྱིད་གཤིས་དང་བར་སྨིན་སོན་རིགས་ཡིན། སྐྱེ་འཚར་དུས་ཡུན་ཉིན103ཡིན། མྱུ་གུ་དྲང་མོ་སྐྱེས་ཤིང་ལྗང་མདོག་ཡིན། སྡོང་ཕང་མཐོ་ཚད་ལ་ལི་སྨི60~75ཡོད། གཞུང་རྟ་ཐུང་བ་དང་མདོག་ལྗང་སྐྱ་ཡིན་ལ་གཞུང་རྟའི་སྟེང་དུ་སྤྲ་ཚིལ་གྱི་ཕྱི་ཤུན་བཀབ་ཅིང་། ཕན་ནུས་ལྡན་པའི་ཁ་དབྲག1~2ཡོད། ལོ་མ་མང་གྲེས་མདོག་ལྗང་ཁུ་དང་འདབ་ཆུང་ཆ3~4ཡིས་གྲུབ། འདབ་ཆུང་སོག་ལེའི་ཁ་དང་འཛོང་དབྱིབས་ནར་མོ་ཡིན། མེ་ཏོག་དཀར་པོ་ཡིན་པ་དང་། དར་ཆའི་དབྱིབས་ཀྱི་འདབ་མ་དང་འབྲུག་གཟུགས་མའི་ལོ་འདབ་མ། གཤོག་དབྱིབས་འདབ་མ་ཚང་མ་དཀར་པོ་ཡིན། གང་བུ་སྲ་མོ་གྲི་དབྱིབས་དང་། སྔོ་སྐྱ་ལྗང་ཁུ་དང་འབྲས་བུ་སྨིན་རྗེས་མདོག་སེར་སྐྱ་ཡིན། སོན་འབྲུ་སྐམ་པོ་མདོག་ལྗང་ཁུ་དང་སྒོར་དབྱིབས་དང་འདྲ་མཚུངས་ཡིན། འབྲུ་རྡོག་ཚངས་ཐིག་ལ་ལི་སྨི0.8~0.9ཡོད་པ་དང་སོན་ལྤྱི་ལྗང་སྐྱ་

ཡིན། སྡོང་ཁང་གཅིག་གི་གང་བུའི་གྲངས་ཀ30~35དང་སྡོང་ཁང་གཅིག་གི་སྙིང་དུ་འབྲུ་རྡོག225~235ཡོད་ཅིང་། སྡོང་ཁང་གཅིག་གི་འབྲུ་རྡོག་གི་ལྗིད་ཚད་ལ་ཁེ18.2~26.2ཡོད། འབྲུ་རྡོག་བརྒྱའི་ལྗིད་ཚད་ཁེ31~33.1ཡིན། སོན་འབྲུ་སྐམ་པོའི་སིང་ཕྱེ་འདུས་ཚད47.63%དང་སྤྲི་དཀར་རགས་པོའི་འདུས་ཚད24.28% ཞུ་རུང་བའི་མངར་ཆའི་འདུས་ཚད6.41%ཡིན། འགྲེལ་བ་འགོག་ཐུབ་པ་དང་ཐན་པ་ཐེག་ཚད་འབྲིང་ཙམ་ཡིན།

(གསུམ) ཐོན་ཚད་མངོན་ཚུལ།

ཕྱིར་བཏང་གི་སོན་འབྲུ་སྐམ་པོའི་ཐོན་ཚད་ནི་མུའུ་རེར་སྟོང་ཁེ270~375ཡིན། 2001ལོར་མཚོ་སྔོན་ཞིང་ཆེན་ཞིང་ནགས་ཚན་རིག་ཁང་གི་ལོ་ཏོག་སྲུའོ་ཡིས་ཚོད་ལྟ་བྱས་ཏེ་ས་ཞིང་མུའུ0.45འདེབས་འཛུགས་བྱས་ཤིང་། ཐོན་ཚད་མུའུ་རེར་སྟོང་ཁེ374.8ཡིན།

(བཞི) བེད་སྤྱོད་རིན་ཐང་།

སོན་འབྲུ་སོས་པའི་སོན་ཤུན་པགས་དང་སྙེ་རྟེན་ལོ་མའི་མདོག་ལྗང་ཁུ་ཡིན་པས། ལྟུགས་ཀྱིན་བཟོ་བ་དང་སྦྱོས་འགྱུར། སྨུར་འཁྱུགས་གསར་ཉར་བཅས་བྱེད་པར་འཚམ་པའི་འབྲུ་རྡོག་ཏུ་སྤྱོད་པའི་སོན་རིགས་ཡིན།

(ལྔ) འདེབས་གསོའི་གཙོ་གནད།

ཟླ3པའི་ཟླ་དཀྱིལ་ནས་ཟླ4པའི་ཟླ་སྟོད་བར་སོན་འདེབས་བྱེད་པ་དང་། སོན་འདེབས་བྱེད་ཚད་མུའུ་རེར་སྟོང་ཁེ15ཡིན། སོན་འདེབས་སྟུག་ཚད་མུའུ་རེར་སྡོང་ཁང་ཁྲི5~ཁྲི6ཡིན། སྡོང་ཁང་གི་བར་ཐག་ལི་སྨི2~4བདང་སྟར་ཕྲེང་གི་བར་ཐག་ལི་སྨི20~25ཡིན། ཆུ་གཏོང་བའི་ཆ་རྐྱེན་ཡོད་པའི་ས་ཁུལ་དུ་མེ་ཏོག་ཐོག་མར་བཞད་པའི་དུས་དང་གང་བུ་ཐོགས་པའི་དུས་སུ་ཆུ་ཐེངས1~2གཏོང་དགོས། སྨྱུ་གུ་སྐྱེ་བའི་དུས་སུ་སྦྲང་འབུ་དང་ས་འོག་གི་གནོད་འབུ་སྔོན་དུ་འགོག་བཅོས་བྱ་རྒྱུར་མཉམ་

འཇོག་བྱེད་དགོས།

(དྲུག) འཚམ་མཐུན་ས་ཁུལ།

མཚོ་སྔོན་ཞིང་ཆེན་གྱི་ས་བབ་དམའ་བ་དང་། ཐན་སྐམ་དམའ་འབྲིང་རིམ་པའི་ས་ཁུལ་དང་དེ་བཞིན་ཚ་འདམ་ཞིང་ཆུ་འདྲེན་ཁུལ་དུ་འདེབས་འཛུགས་བྱས་ན་འཚམ།

བདུན། ཟྭ་ཐང་ཨང22པ།

(གཅིག) སོན་རིགས་འབྱུང་ཁུངས།

ཟྭ་ཐང་ཨང22པ་ནི་མཚོ་སྔོན་ཞིང་ཆེན་ཞིང་ནགས་ཚན་རིག་ཁང་སྐྱི་དངོས་སོན་གསོ་འདེབས་གསོ་ཞིབ་འཇུག་སྡེ་ཡིས1988ལོར་ཐའེ་ལྷན་ཞིང་ཆེན་ནས་ནང་འདྲེན་བྱས་པའི་རིམ་མཐོའི་རིགས་རྒྱུད་ཚན་ཁག་ནང་དུ་ལོ་མང་པོར་འདེམས་གསོ་བྱས་པ་བརྒྱུད་ནས་གྲུབ་པ་ཞིག་སྟེ། དེ་སྔའི་མིང་ལ་ཧོ་ལན་སྲུན་མ་ཟེར། 2005ལོའི་ཟླ12པར། མཚོ་སྔོན་ཞིང་ཆེན་ཞིང་ལས་སྐྱི་དངོས་སོན་རིགས་ཞིབ་བཤེར་གཏན་འབེབས་ཨུ་ཡོན་ལྷན་ཁང་གིས་ཞིབ་བཤེར་གཏན་འབེབས་གྲོས་འཆམ་བྱུང་རྗེས། མིང་ལ་ཟྭ་ཐང་ཨང22པ་ཞེས་གཏན་ཁེལ་བྱས་པ་དང་སོན་རིགས་ཚོད་མཐུན་ལག་ཁྱེར་ཨང་གྲངས་ནི་མཚོ་སོན་མཉམ་ཡིག་ཨང0208པ་ཡིན།

(གཉིས) ཁྱད་རྟགས་དང་ཁྱད་གཤིས།

དཔྱིད་གཤིས་དང་བར་སྨིན་ནས་ཕྱི་སྨིན་གྱི་སོན་རིགས་ཡིན། སྨྱུ་གུ་དྲང་མོ་སྐྱེས་ཤིང་མདོག་ལྗང་ནག་ཡིན། ལོ་མ་མང་གྲེས་མདོག་ལྗང་ནག་དང་འདབ་ཆུང་ཆ2~3གྱིས་གྲུབ་ཅིང་། འདབ་ཆུང་ལོ་མའི་མཐའ་སློམས་པ་དང་སྒོ་ངའི་སྒོར་དབྱིབས་ཡིན། ཞབས་སྐྱོར་ལོ་མའི་མདོག་ལྗང་ནག་དང་ལོ་མ་ཤོ་རལ་ཡོད། འདབ་ཆུང་སྟེང་དུ་ཟད་གོག་ཐིག་ལེ་མེད། ཞབས་སྐྱོར་ལོ་མ་འབྲིང་རིམ་དང་ཞབས་སྐྱོར་ལོ་མའི་འདབ་མཆན་དུ་མེ་ཏོག་སྡོ་ཐིག་མེད། གཞུང་རྩ་ཐུང་བ་དང་ལྗང་

མདོག་ཡིན་ལ། གཞུང་རྟའི་སྟེང་དུ་སྤྲ་ཚིལ་གྱི་ཕྱི་ཤུན་བཀབ་ཅིང་། སྟོང་ཁང་གི་མཐོ་ཚད་ལ་ལི་སྨི70~90ཡོད་ཅིང་ཕན་ནུས་ལྡན་པའི་ཁ་དབྲག1~2ཡོད། མེ་ཏོག་དཀར་པོ་ཡིན་པ་དང་། དར་ཆའི་དབྱིབས་ཀྱི་འདབ་མ་དང་འབྲུག་གཟུགས་མའི་ལོ་འདབ་མ། གཤོག་དབྱིབས་འདབ་མ་ཚང་མ་དཀར་པོ་ཡིན། གང་བུ་སྲ་མོ་གྲི་དབྱིབས་དང་འབྲས་བུ་སྨིན་རྗེས་གང་བུའི་མདོག་སེར་སྐྱ་ཡིན། སོན་འབྲུའི་མདོག་ལྗང་ཁུ་ཡིན་ཞིང་སྒོར་དབྱིབས་དང་འདྲ་མཚུངས་ཡིན། འབྲུ་རྡོག་ཚངས་ཐིག་ལ་ལི་སྨི0.6~0.7ཡོད་པ་དང་སོན་ལྟེ་སེར་པོ་ཡིན། སྟོང་ཁང་གཅིག་གི་གང་བུའི་གྲངས་ཀ11~20དང་སྟོང་ཁང་གཅིག་གི་སྟེང་དུ་འབྲུ་རྡོག55~105ཡོད། སྟོང་ཁང་གཅིག་གི་འབྲུ་རྡོག་གི་ལྗིད་ཚད་ལ་ཁེ11.3~22.3དང་སོན་འབྲུ་སྐམ་པོའི་འབྲུ་རྡོག་སྟོང་གི་ལྗིད་ཚད་ལ་ཁེ196.2~223.2ཡོད། སོན་འབྲུ་སྐམ་པོའི་སིང་ཕྱེ་འདུས་ཚད47.72%དང་སྤྲི་དཀར་རིགས་མོའི་འདུས་ཚད23.87% ཚིལ་བུ་རིགས་པོའི་འདུས་ཚད0.878%ཡིན། སོན་འབྲུ་སོས་པའི་སྤྲི་དཀར་གྱི་འདུས་ཚད7.12%དང་ཞུ་རྡུང་རང་བཞིན་གྱི་མངར་ཆ་འདུས་ཚད2.32% འཚོ་རྒྱུCའདུས་ཚད་ཧྲོ་ཁེ36.9འམ་ཁེ100ཡོད། སྐྱེ་འཚེར་དུས་ཡུན་ཉིན113ཡིན།

(གསུམ) ཐོན་ཚད་མངོན་ཚུལ།

སྤྱིར་བཏང་གི་སོན་འབྲུ་སྐམ་པོའི་ཐོན་ཚད་མུའུ་རེར་སྟོང་ཁེ180~210ཡིན་པ་དང་། 2004ལོར་མཚོ་སྔོ་ཁྲུལ་གྱུང་ཧོ་རྫོང་ཆབ་ཆ་གྲོང་རྡལ་དུ་མུའུ0.2བཏབ་པར་ཐོན་ཚད་མུའུ་རེར་སྟོང་ཁེ210ཡིན། སོན་འབྲུ་སོས་པའི་ཐོན་ཚད་ནི་མུའུ་རེར་སྟོང་ཁེ800~1000ཡིན། 2003ལོར་མཚོ་སྔོན་ཞིང་ཆེན་ཞིང་ནགས་ཚན་རིག་ཁང་གི་ལོ་ཏོག་སུའོ་ཡིས་ཚོད་ལྟའི་སྒོ་ནས་མུའུ0.17བཏབ་པར་ཐོན་ཚད་མུའུ་རེར་སྟོང་ཁེ825ཟིན།

(བཞི) ཐེད་སྤྱོད་རིན་ཐང་།

སོན་འབྲུའི་ཤུན་པགས་དང་སྐྱི་རྗེན་པོ་མ་ལྡང་མདོག་ཡིན་པས། ལྕགས་ཀྲིན་བཟོ་བ་དང་སྨོས་འགྱུར། སྨུར་འཁྱུགས་གསར་ཉར་བཅས་བྱེད་པར་འཚམ་པའི་འབྲུ་རྗོག་ཏུ་སྤྱོད་པའི་སོན་རིགས་ཡིན།

(ལྔ) འདེབས་གསོའི་གཙོ་གནད།

ཟླ་བ3པའི་ཟླ་སྨད་ནས་ཟླ་བ4པའི་ཟླ་དཀྱིལ་དང་ཟླ་སྨད་དུ་སོན་འདེབས་བྱེད་པ་དང་། མུའུ་རེར་སོན་འདེབས་བྱེད་ཚད་སྟོང་ཁེ10~12ཡིན། སོན་འདེབས་མཐུག་ཚད་མུའུ་རེར་སྟོང་ཕང་ཁྲི5~ཁྲི6དང་། སྟོང་ཕང་གི་བར་ཐག་ལི་སྨི3~6དང་སྟར་ཕྲེང་གི་བར་ཐག་ལི་སྨི25~30ཡིན། ཆུ་གཏོང་ཆ་རྐྱེན་ཡོད་པའི་ས་ཁུལ་དུ་མེ་ཏོག་ཐོག་མར་བཞད་པའི་དུས་དང་གང་བུ་ཐོགས་པའི་དུས་སུ་ཆུ་ཐེངས1~2གཏོང་དགོས། སྨུ་གུའི་དུས་སུ་འབུ་སྲུང་དང་ས་འོག་གནོད་འབུ་ལ་སྔོན་དུ་འགོག་བཅོས་བྱ་རྒྱུར་མཉམ་འཛོག་བྱེད་དགོས།

(དྲུག) འཚམ་མཐུན་ས་ཁུལ།

མཚོ་སྔོན་ཞིང་ཆེན་གྱི་ཆུ་ས་དང་འབྲིང་རིམ་ས་ཁུལ་དུ་འདེབས་འཛུགས་བྱས་ན་འཚམ།

བརྒྱད། རྫ་ཐང་ཨང23པ།

(གཅིག) སོན་རིགས་འབྱུང་ཁུངས།

རྫ་ཐང་ཨང23པ་ནི་མཚོ་སྔོན་ཞིང་ཆེན་ཞིང་ནགས་ཚན་རིག་ཁང་སྐྱི་དངོས་སོན་གསོ་འདེབས་གསོ་ཞིབ་འཇུག་སུའོ་ཡིས2000ལོར་དབྱིན་ཇི་ནས་ནང་འདྲེན་བྱས་པའི་ལོ་མ་ཡོད་པའི་སྲན་ནག་མ་ལག་ལྡན་པའི་སྣོ་ནས་འདེམས་གསོ་བྱས་པ་བརྒྱུད་ནས་གྲུབ་པ་ཞིག་ཡིན། 2005ལོའི་ཟླ12པར། མཚོ་སྔོན་ཞིང་ཆེན་ཞིང་ལས་སྐྱི་དངོས་སོན་རིགས་ཞིབ་བཤེར་གཏན་འབེབས་ཨུ་ཡོན་ལྷན་ཁང་གིས་ཞིབ་བཤེར་

གདན་འབེབས་གྲོས་འཆམ་བྱུང་ཛེས། མིང་ལ་རྩ་ཐང་ཨང23ཞེས་གདན་ཁེལ་བྱས་པ་དང་སོན་རིགས་ཚད་མཐུན་ལག་ཁྱེར་ཨང་གྲངས་ནི་མཚོ་སོན་མཉམ་ཡིག་ཨང0209ཡིན།

(གཉིས) ཁྱད་རྟགས་དང་ཁྱད་གཤིས།

དཔྱིད་གཤིས་དང་བར་སྨིན་ནས་ཕྱི་སྨིན་སོན་རིགས་ཡིན། སྨྱུ་གུ་དྲང་མོར་སྐྱེས་ཤིང་མདོག་ལྗང་ཁུ་ཡིན། ལོ་མ་མང་གྲེས་ཚང་མ་སྤུ་འཁྲིལ་དུ་འགྱུར་ལ། ཞབས་སྐོར་ལོ་མ་ལྗང་མདོག་དང་ཟད་གོག་ཐིག་ལེ་ཉུང་། ཞབས་སྐོར་ལོ་མའི་འདབ་མཚན་དུ་མེ་ཏོག་སྤོ་ཐིག་མེད། གཞུང་རྟ་ཐུང་བ་དང་ལྗང་མདོག་ཡིན་ལ། གཞུང་རྟའི་སྟེང་དུ་ཕྲ་ཆོལ་གྱི་ཕྱི་ཤུན་བཀབ་ཅིང་། སྡོང་ཕང་མཐོ་ཚད་ལ་ལི་སྨི74~84ཡོད་ཅིང་ཕན་ནུས་ལྡན་པའི་ཁ་དབྲག2~4ཡོད། མེ་ཏོག་དཀར་པོ་ཡིན་པ་དང་། དར་ཆའི་དབྱིབས་ཀྱི་འདབ་མ་དང་འབྲུག་གཟུགས་མའི་ལོ་འདབ་མ། གཞོག་དབྱིབས་འདབ་མ་ཚང་མ་དཀར་པོ་ཡིན། གང་བུ་སྲ་མོ་གྲི་དབྱིབས་དང་། སྤོ་སྨྲན་གང་བུའི་མདོག་ལྗང་ཁུ་དང་འབྲས་བུ་སྨིན་ཛེས་གང་བུ་སེར་སྐྱ་ཡིན། སོན་འབྲུ་གཉེར་ཞིང་མདོག་ལྗང་ཁུ་སྒོར་དབྱིབས་དང་འདྲ་མཚུངས་ཡིན། འབྲུ་ཏོག་གི་ཚངས་ཐིག་ལི་སྨི0.7~0.8ཡོད་པ་དང་སོན་ལྟེའི་མདོག་སེར་སྐྱ་ཡིན། སྡོང་ཕང་གཅིག་ལ་གང་བུའི་གྲངས་ཀ19~25དང་སྡོང་ཕང་གཅིག་ལ་འབྲུ་ཏོག115~125ཡོད། སྡོང་ཕང་གཅིག་གི་འབྲུ་ཏོག་ལྗིད་ཚད་ལ་ཁེ47~55དང་སོན་འབྲུ་སྐམ་པོའི་ལྗིད་ཚད་ལ་ཁེ315~325ཡོད། སོན་འབྲུའི་སེང་ཕྱེ་འདུས་ཚད44.87%དང་སྤྲི་དཀར་རིགས་མོའི་འདུས་ཚད22.6% ཚིལ་རྫིང་འདུས་ཚད1.43%དང་ཞུ་རུང་བའི་མངར་ཆ་འདུས་ཚད6.4%ཡིན། སྐྱེ་འཚར་དུས་ཡུན་ཉིན110ཡིན། འགྲེལ་འགོག་རང་བཞིན་ཙུང་བཟང་བ་དང་། ཐན་འགོག་རང་བཞིན་དང་གྲང་བཟོད་རང་བཞིན་འབྲིང་ཙམ་ཡིན།

(གསུམ) ཐོན་ཚད་མངོན་ཚུལ།

སྤྱིར་བཏང་གི་ཐོན་ཚད་ནི་མུའུ་རེར་སྟོང་ཁེ270~375ཡིན་པ་དང་། 2004ལོར་མཚོ་སྔོན་ཞིང་ཆེན་ཞིང་ནགས་ཚན་རིག་ཁང་གི་ལོ་ཏོག་སྲུའོ་ཡིས་ཚོད་ལྟ་བྱས་ཏེ་མུའུ11འདེབས་འཛུགས་བྱས་པར་ཐོན་ཚད་མུའུ་རེར་སྟོང་ཁེ445ཟིན།

(བཞི) བེད་སྤྱོད་རིན་ཐང་།

སོན་འབྲུ་སོས་པའི་ཤུན་པགས་དང་སྙི་རྟེན་པོ་མར་ལྷང་མདོག་ཡིན་ལ། འབྲུ་རྫོག་ཤིན་ཏུ་ཆེ་བས་ལུགས་ཀྱིན་བཟོ་བ་དང་སྤྲོས་འགྱུར། སྤུར་འཁྲུགས་གསར་ཉར་བཅས་བྱེད་པར་འཚམ་པའི་འབྲུ་རྫོག་ཏུ་སྤྱོད་པའི་སོན་རིགས་ཡིན།

(ལྔ) འདེབས་གསོའི་གཙོ་གནད།

ཟླ3པའི་ཟླ་སྨད་ནས་ཟླ4པའི་ཟླ་སྟོད་བར་སོན་འདེབས་བྱེད་པ་དང་། མུའུ་རེར་སོན་འདེབས་བྱེད་ཚད་སྟོང་ཁེ15~18ཡིན། སོན་འདེབས་མཐུག་ཚད་མུའུ་རེར་སྟོང་རྐང་ཁྲི5.5~ཁྲི6དང་། སྟོང་རྐང་གི་བར་ཐག་ལི་སྨི2~4དང་སྟར་ཕྲེང་གི་བར་ཐག་ལི་སྨི20~25ཡིན། མེ་ཏོག་ཐོག་མར་བཞད་པའི་དུས་དང་གང་བུ་ཐོགས་པའི་དུས་སུ་ཆུ་ཐེངས1~2གཏོང་དགོས། སྨུ་གུའི་དུས་སུ་འབུ་སྲིད་དང་ས་འོག་གནོད་འབུ་ལ་སྔོན་དུ་འགོག་བཅོས་བྱ་རྒྱུར་མཉམ་འཛོག་བྱེད་དགོས།

(དྲུག) འཚམ་མཐུན་ས་ཁུལ།

མཚོ་སྔོན་ཞིང་ཆེན་གྱི་ཤར་རྒྱུད་དང་ནུབ་རྒྱུད་ཞིང་ལས་ཁུལ་གྱི་ཆུ་འདྲེན་པའི་ཆ་རྐྱེན་འཛོམས་པའི་ས་ཁུལ་དུ་འདེབས་འཛུགས་བྱས་ན་འཚམ།

དགུ། ཆིན་ཏེ་ཡང1བ།

(གཅིག) སོན་རིགས་འབྱུང་ཁུངས།

མཚོ་སྔོན་ཞིང་ཆེན་ཞིང་ནགས་ཚན་རིག་ཁང་སྐྱི་དངོས་སོན་གསོ་འདེབས་གསོ་ཞིབ་འཇུག་སྲུའོ་ཡིས1985ལོར་མ77–5–13མ་སྦྱོར་བྱས་པ་དང་། མངར་མོ་

ཆེའི་གང་བུ་ཕ་སྟོང་བྱས་ཏེ་མཚན་ཡོད་རྒྱུད་འདྲེས་སྐྱེབ་སྦྱོར་འདེམས་གསོ་བྱས་པ་ལས་གྲུབ་པ་ཞིག་ཡིན། དེ་སྔའི་ཚབ་རྟགས86–8–4–0307–3ཡིན། 1996ལོའི་ཟླ11པར། མཚོ་སྔོན་ཞིང་ཆེན་ཞིང་ལས་སྐྱེ་དངོས་སོན་རིགས་ཞིབ་བཤེར་གཏན་འབེབས་ཨུ་ཡོན་ལྷན་ཁང་གིས་ཞིབ་བཤེར་གཏན་འབེབས་གྲོས་འཆམ་བྱུང་རྗེས། མིང་ལ་ཆིན་ཧྲེ་ཨང1པ་ཞེས་གཏན་ཁེལ་བྱས་པ་དང་སོན་རིགས་ཀྱི་ཚད་མཐུན་ལག་ཁྱེར་ཨང་གྲངས་ནི་མཚོ་སོན་མཉམ་ཡིག་ཨང0106པ་ཡིན། ཚལ་སྤྱོད་རིགས་ཀྱི་སོན་རིགས་ཡིན།

(གཉིས) ཁྱད་རྟགས་དང་ཁྱད་གཤིས།

དཔྱིད་གཤིས་དང་བར་སྨིན་གྱི་རིགས་ཡིན། སྨུ་གུ་དྲང་མོར་སྐྱེས་ཤིང་མདོག་ལྗང་ཁུ་ཡིན། ལོ་མ་མང་གྲེས་མདོག་ལྗང་ནག་དང་འདབ་ཆུང་ཆ2~3གྱིས་གྲུབ་ལ། འདབ་ཆུང་མཐའ་སྙོམས་འཛོང་དབྱིབས་ཅན་ཡིན། འདབ་ཆུང་གི་ཟུར་གོག་ཐིག་ལེ་མངོན་གསལ་ཡིན། ཞབས་སྐྱོར་ལོ་མའི་འདབ་མཆན་དུ་མེ་ཏོག་སྦོ་ཐིག་མེད། གཞུང་རྕ་ཐུང་བ་དང་ལྗང་མདོག་ཡིན་ཞིང་གཞུང་རྕའི་སྟེང་དུ་སྤུ་ཚིལ་གྱི་ཕྱི་ཤུན་བཀབ་ཅིང་། སྡོང་རྐང་གི་མཐོ་ཚད་ལ་ལི་སྨི67~90ཡོད་ཅིང་ཕན་ནུས་ལྡན་པའི་ཁ་དབྲག1~3ཡོད། མེ་ཏོག་དཀར་པོ་ཡིན་པ་དང་། དར་ཆའི་དབྱིབས་ཀྱི་འདབ་མ་དང་འབྲུག་གཟུགས་མའི་ལོ་འདབ་མ། གཤོག་དབྱིབས་འདབ་མ་ཚང་མ་དཀར་པོ་ཡིན། གང་བུ་སྐི་མོ་གྲི་དབྱིབས་ཡིན། སྦོ་སྨིན་གང་བུ་ལྗང་ཁུ་ཡིན་ལ། རིང་ཚད་ལ་ལི་སྨི11.6~12.4དང་ཞེང་ལ་ལི་སྨི2.9~3.1ཡོད། འབྲས་བུ་སྨིན་རྗེས་གང་བུ་སེར་སྐྱ་ཡིན། སོན་འབྲུ་ལྗང་སྐྱ་ཡིན་པ་དང་སྐྱེ་ཧེན་ལོ་མ་ལྗང་མདོག་འཛོང་དབྱིབས་ཡིན། འབྲུ་རྡོག་ཚངས་ཐིག་ལི་སྨི0.8~0.9ཡོད་པ་དང་སོན་ལྟེའི་མདོག་སྐྱ་སེར་ཡིན་པ། སྡོང་རྐང་གཅིག་གི་སྟེང་དུ་གང་བུ12~18དང་སྡོང་རྐང་གཅིག་ལ་འབྲུ་རྫོག51~101ཡོད། སོན་འབྲུ་སྐམ་པོ་སྟོང་གི་ལྗིད་ཚད་ལ་ཁེ250~320དང་སྡོང་

ཀང་གཅིག་འབྲུ་ཊོག་གི་ལྗིད་ཚད་ལ་ཁེ15~29ཡོད་ཅིང་། འབྲུ་ཊོག་བརྒྱའི་ལྗིད་ཚད་ལ་ཁེ25.32ཡོད། གང་བུ་སོས་པའི་སྤྱི་དཀར་རགས་པོའི་འདུས་ཚད3.16%དང་ཞུ་བུང་བའི་མངར་ཆ་འདུས་ཚད5.05% འཚོ་རྒྱུCའདུས་ཚད་ཏའོ་ཁེ51.86གམ་ཁེ100ཡིན། སྐྱེ་འཚར་དུས་ཡུན་ཉིན108ཡིན། འགྲིལ་འགོག་ཅུང་བཟང་བ་དང་རྩ་བུལ་ནད་ཀྱང་ཅུང་འགོག་ཐུབ།

(གསུམ) ཐོན་ཚད་མངོན་ཚུལ།

སྤྱིར་བཏང་གི་སོན་འབྲུ་ཐོན་ཚད་མུའུ་རེར་སྟོང་ཁེ130~170ཡིན་པ་དང་། 1992ལོར་མཚོ་སྔོན་ཞིང་ཆེན་ཞིང་ལས་ཚན་རིག་ཁང་གི་ལོ་ཏོག་སྲུའོ་ཡི་ཚོད་ལྟ་བྱས་པའི་ས་ཞིང་མུའུ0.2ལ་འདེབས་འཛུགས་བྱས་པར་ཐོན་ཚད་མུའུ་རེར་སྟོང་ཁེ172.2ཡིན་པ་དང་། གང་བུ་སོས་པའི་ཐོན་ཚད་མུའུ་རེར་སྟོང་ཁེ860~1530ཡིན། 1995ལོར་ཐྲེ་ཞིང་ཁྲའོ་དབྱང་ཆི་ཙ་ཁྲིན་དུ་མུའུ0.15འདེབས་འཛུགས་བྱས་ཤིང་། ཐོན་ཚད་མུའུ་རེར་སྟོང་ཁེ1290ཡིན།

(བཞི) བེད་སྤྱོད་རིན་ཐང་།

གང་བུ་སོས་པར་ཤུན་པགས་སྤུ་མོ་མེད་པ་དང་ལྡང་མདོག་ཡིན། སོས་པ་དང་སྐྱུར་འབྱུགས་གསར་ཉར་བཅས་བྱེད་པར་འཚམ་པའི་འབྲུ་ཊོག་ཏུ་སྤྱོད་པའི་ཧོ་ལན་གྱི་སྲན་མའི་སོན་རིགས་ཡིན།

(ལྔ) འདེབས་གསོའི་གཙོ་གནད།

ཟླ3པའི་ཟླ་སྨད་ནས་ཟླ4པའི་ཟླ་དཀྱིལ་དང་ཟླ་སྨད་དུ་ཞིང་ཁར་སོན་འདེབས་བྱས་ཏེ། མུའུ་རེར་སོན་འདེབས་བྱེད་ཚད་སྟོང་ཁེ5~10ཡིན། སོན་འདེབས་མཐུག་ཚད་མུའུ་རེར་སྟོང་ཀང་ཁྲི2~ཁྲི3དང་སྟར་ཕྲེང་རེའི་བར་ཐག་ལི་སྨི30~40ཡིན། སོན་ཕྲེང4~5བར་སྟོང་རེར་ལི་སྨི50འཇོག་དགོས། སྲུང་སྐྱོང་ཁུལ་གྱི་སོན་འདེབས་མཐུག་ཚད་མུའུ་རེར་སྟོང་ཀང་ཁྲི1.6~ཁྲི1.7ཡིན། སྟོང་ཀང་མཐོ་ཚད་ལི་སྨི30~40ཡིན་དུས་

སྨྲོམ་བུ་འཇུགས་དགོས་པ་དང་། མེ་ཏོག་ཐོག་མར་བཞད་པའི་དུས་དང་གང་བུ་ཐོགས་པའི་དུས་སུ་ཆུ་ཐེངས1~2བཏང་ནས། ས་རྒྱུ་སྐམ་དྲགས་པ་དང་བརླན་དྲགས་པར་སྔོན་འགོག་བྱེད་དགོས། སྨན་རྫོག་གི་སླེ་མ་མིག་ལྷུག་གི་དུས་དཀྱིལ་དུ་སྔོ་སྨན་འཐུ་དགོས་པ་དང་། ས་ཞིང་བརླན་པའི་སྐབས་སུ་འཐུ་མི་རུང་། རྩ་བ་རུལ་བ་དང་སྦུ་མོ་ནས་སྐམ་པར་སྔོན་འགོག་དང་ཕྱི་དཀར་ནད་འགོག་བཅོས་བྱེད་པར་མཉམ་འཇོག་བྱེད་དགོས།

(དྲུག) འཚམ་མཐུན་ས་ཁུལ།

མཚོ་སྔོན་ཞིང་ཆེན་གྱི་ཤར་ཕྱོགས་ཞིང་ལས་ཁུལ་དུ་འདེབས་འཇུགས་བྱེད་པར་འཚམ།

བཅུ། མངར་སོབ761

(གཅིག) སོན་རིགས་འབྱུང་ཁུངས།

མངར་སོབ761ནི་མཚོ་སྔོན་ཞིང་ཆེན་ཞིང་ནགས་ཚན་རིག་ཁང་སྐྱེ་དངོས་སོན་གསོ་འདེབས་གསོ་ཞིབ་འཇུག་སུའོ་ཡིས1990ལོར་ཨ་རིའི་ཧྭ་ཧྲིན་ཏུང་ཁུལ་བཙུགས་སློབ་ཆེན་ནས་ནང་འདྲེན་བྱས་པའི་རིམ་མཐོའི་རིགས་རྒྱུད་ཚན་ཁག244219ནང་དུ་ལོ་མང་པོར་བརྒྱུད་རིམ་ལྡན་པའི་སྒོ་ནས་འདེམས་གསོ་བྱས་ཏེ་གྲུབ་པ་དང་། དེ་སྔའི་ཚབ་མིངAy761ཡིན། 1999ལོའི་ཟླ11པར། མཚོ་སྔོན་ཞིང་ཆེན་ཞིང་ལས་སྐྱེ་དངོས་སོན་རིགས་ཞིབ་བཤེར་གཏན་འབེབས་ཨུ་ཡོན་ལྷན་ཁང་གིས་ཞིབ་བཤེར་གཏན་འབེབས་གྲོས་འཆམ་བྱུང་རྗེས། མིང་ལ་མངར་སོབ761ཞེས་གཏན་ཁེལ་བྱས། སོན་རིགས་ཚད་མཐུན་ལག་ཁྱེར་གྱི་ཨང་གྲངས་ནི་མཚོ་སོན་མཉམ་ཡིག་ཨང0145ཡིན། ཚལ་སྤྱོད་རིགས་ཀྱི་སོན་རིགས་ཡིན།

(གཉིས) ཁྱད་རྟགས་དང་ཁྱད་གཤིས།

དཔྱིད་གཤིས་དང་བར་སྨིན་སོན་རིགས་ཡིན། སྦྱ་གུ་དྲང་མོར་སྐྱེས་ཤིང་

མདོག་ལྗང་ཁུ་ཡིན། ལོ་མ་མང་གྲེས་མདོག་ལྗང་ཁུ་ཡིན་ཞིང་འདབ་ཆུང་ཆ2~3ཀྱིས་གྲུབ་པ་དང་། འདབ་ཆུང་སོག་ལེ་ཁ་དང་སྒོ་ངའི་སྒོར་དབྱིབས་ཡིན། འདབ་ཆུང་དང་ཞབས་སྐྱོར་ལོ་མའི་ཟད་སོག་ཐིག་ལེ་མངོན་གསལ་ཡིན་ལ་ཞབས་སྐྱོར་ལོ་མའི་མདོག་ལྗང་ཁུ་ཡིན། ལོ་མའི་ཤོ་རལ་ཡོད། ཞབས་སྐྱོར་ལོ་མའི་འདབ་མཚན་དུ་མེ་ཏོག་སྔོ་ཐིག་མེད། གཞུང་རྩ་ཐུང་བ་དང་ལྗང་མདོག་ཡིན་ཞིང་གཞུང་རྩའི་སྟེང་དུ་སྤུ་ཚོལ་གྱི་ཕྱི་ཤུན་བཀབ་ཅིང་། སྡོང་རྐང་མཐོ་ཚད་ལ་ལི་སྨི170~180ཡོད་ཅིང་ཕན་ནུས་ལྡན་པའི་ཁ་དབྲག1~3ཡོད། མེ་ཏོག་དཀར་པོ་ཡིན་པ་དང་། དར་ཆའི་དབྱིབས་ཀྱི་འདབ་མ་དང་འབྲུག་གཟུགས་མའི་ལོ་འདབ་མ། གཤོག་དབྱིབས་འདབ་མ་ཚང་མ་དཀར་པོ་ཡིན། གང་བུ་སྙི་མོ་ཕྲེང་དབྱིབས་དང་། སྔོ་སྔོན་ལྗང་ཁུ་ཡིན་ཞིང་རིང་ཚད་ལ་ལི་སྨི10.0~12.2དང་ཞེང་ལ་ལི་སྨི1.8~2.4ཡོད། གང་བུ་སྨིན་རྗེས་མདོག་སེར་སྐྱ་ཡིན། སོན་འབྲུའི་མདོག་ལྗང་སེར་སྒོར་དབྱིབས་དང་འདྲ་མཚུངས་ཡིན། འབྲུ་རྡོག་ཚངས་ཐིག་ལ་ལི་སྨི0.6~0.7ཡོད་ཅིང་སོན་ལྟེའི་མདོག་སེར་སྐྱ་ཡིན། སྡོང་རྐང་གཅིག་གི་སྟེང་དུ་གང་བུ11~19དང་སྡོང་རྐང་གཅིག་ལ་འབྲུ་རྡོག64~82ཡོད། སྡོང་རྐང་གཅིག་གི་འབྲུ་རྡོག་ལྗིད་ཚད་ལ་ཁེ14.1~18.7དང་སོན་འབྲུ་སྐམ་པོ་སྟོང་གི་ལྗིད་ཚད་ལ་ཁེ216.5~233.3ཡོད། འབྲུ་རྡོག་སྐམ་པོའི་སིང་ཕྲེ་འདུས་ཚད46.75%དང་སྤྲི་དཀར་རགས་པོའི་འདུས་ཚད23.97% གང་བུ་སོས་པའི་སྤྲི་དཀར་གྱི་འདུས་ཚད2.86%དང་ཞུ་ཐུང་མངར་ཆ་འདུས་ཚད6.56% འཚོ་བཅུད་Cའདུས་ཚད་ཧའོ་ཁེ53.14འམ་ཁེ100ཡིན། སྐྱེ་འཚར་དུས་ཡུན་ཉིན106ཡིན།

(གསུམ) ཐོན་ཚད་མངོན་ཚུལ།

སྤྱིར་བཏང་གི་སོན་འབྲུ་སྐམ་པོའི་ཐོན་ཚད་མུའུ་རེར་སྟོང་ཁེ130~170ཡིན་པ་དང་། 1998ལོར་ཟི་ལིང་གྲོང་ཁྱེར་ཁྲའོ་དབྱང་སྡེ་བ་ནས་མུའུ0.5འདེབས་འཛུགས་བྱས་པར་ཐོན་ཚད་མུའུ་རེར་སྟོང་ཁེ163.3ཡིན། གང་བུ་སོས་པའི་ཐོན་ཚད་ནི་

མུའུ་རེར་སྟོང་ཁེ875~1025ཡིན། 1999ལོར་ཟྱི་ལིང་གྲོང་ཁྱེར་ཏ་པའོ་ཅོ་སྦེ་བར་མུའུ0.4འདེབས་འཛུགས་བྱས་པར་ཐོན་ཚད་མུའུ་རེར་སྟོང་ཁེ1025ཡོད།

(བཞི) ཐེད་སྤྱོད་རིན་ཐང་།

གང་བུ་སོས་པར་ཤུན་པགས་སྲ་མོ་མེད་པ་དང་ལྷང་མདོག་ཡིན་ལ། མངར་ཞིང་སོབ་པས་གསར་དུ་ཟ་བ་དང་སྦྱར་འཁྱགས་སོས་ཉར་བྱེད་པར་འཚམ་པའི་འབྲུ་རྫོག་ཏུ་སྤྱོད་པའི་མངར་སོབ་རིགས་ཀྱི་སོན་རིགས་ཡིན།

(ལྔ) འདེབས་གསོའི་གཙོ་གནད།

ཟླ་བ3པའི་ཟླ་སྨད་ནས་ཟླ་བ4པའི་ཟླ་དཀྱིལ་དང་ཟླ་སྨད་དུ་མཐོངས་ཡངས་ཞིང་ཁར་སོན་འདེབས་བྱེད་པ་དང་། མུའུ་རེར་སོན་འདེབས་བྱེད་ཚད་སྟོང་ཁེ5~10ཡིན། སོན་འདེབས་མཐུག་ཚད་མུའུ་རེར་སྟོང་རྐང་ཁྲི2~ཁྲི2.2དང་སྟར་ཕྲེང་རེའི་བར་ཐག་ལི་སྨི30~60ཡིན་ལ། སོན་ཕྲེང2~3བར་སྟོང་ལ་ལི་སྨི60འཇོག་དགོས། སྲུང་སྐྱོང་ཁུལ་གྱི་སོན་འདེབས་མཐུག་ཚད་མུའུ་རེར་སྟོང་རྐང་ཁྲི1.8~ཁྲི2ཡིན། སྨུ་གུའི་མཐོ་ཚད་ལི་སྨི30~40ཡིན་དུས་སྙོམ་འཇོག་དགོས་པ་དང་། མེ་ཏོག་ཐོག་མར་བཞད་པའི་དུས་དང་གང་བུ་ཐོགས་པའི་དུས། མེ་ཏོག་མཇུག་སྒྲིལ་བའི་དུས་སྐབས་སུ་ཆུ་ཐེངས1~3གཏོང་དགོས། མེ་ཏོག་བཞད་རྗེས་ཀྱི་ཉིན20ཡས་མས་སུ་སྦོ་སྲུན་འཐུ་བ་དང་། ཉིན3~4ཐེངས་གཅིག་འཐོག་དགོས། ས་སྔོན་དུས་འཐུ་མི་ཉུང་དེ་མིན་རྩ་བ་ཉུལ་བ་དང་སྦྲ་མོ་ནས་སྐམ་པར་སྔོན་འགོག་བྱེད་དགོས། སྨུ་གུའི་དུས་སུ་འབུ་སྲུང་དང་ས་འོག་གནོད་འབུའི་གནོད་པར་མཉམ་འཇོག་བྱེད་དགོས།

(དྲུག) འཚམ་མཐུན་ས་ཁུལ།

མཚོ་སྔོན་ཞིང་ཆེན་གྱི་ཤར་རྒྱུད་ཞིང་ལས་ཁུལ་དུ་འདེབས་འཛུགས་བྱེད་པར་འཚམ།

བཅུ་གཅིག ཁྲིང་རྒུས39

(གཅིག) སོན་རིགས་འབྱུང་ཁུངས།

ཁྲིང་རྒུས39ནི་མཚོ་སྔོན་ཞིང་ཆེན་ཞིང་ནགས་ཚན་རིག་ཁང་སྐྱེ་དངོས་སོན་གསོ་འདེབས་གསོ་ཞིབ་འཇུག་སྡེའི་ཡིས1992ལོར་རྒྱང་ཧྲའི་ཞིང་ལས་ཚན་རིག་ཁང་ནས་ནང་འདྲེན(ཐོག་མའི་ཐོན་ཡུལ་གྱི་འཛར་པན) བྱས་ཤིང་། ལོ་མང་པོར་མཉམ་བསྲེས་འདེམས་གསོ་བྱས་པ་བརྒྱུད་ནས་གྲུབ་པ་དང་། ཐོག་མའི་མིང་ལ་ཁྲིང་རྒུས39ཟེར། 2004ལོའི་ཟླ2པར། མཚོ་སྔོན་ཞིང་ཆེན་ཞིང་ལས་སྐྱེ་དངོས་སོན་རིགས་ཞིབ་བཤེར་གཏན་འབེབས་ཨུ་ཡོན་ལྷན་ཁང་གིས་ཞིབ་བཤེར་གཏན་འབེབས་གྲོས་འཆམ་བྱུང་རྗེས། མིང་ལ་ཁྲིང་རྒུས39ཞེས་གཏན་ཁེལ་བྱས། སོན་རིགས་ཚད་མཐུན་ལག་ཁྱེར་ཨང་གྲངས་ནི་མཚོ་སོན་མཉམ་ཡིག་ཨང0177ཡིན། ཚལ་སྤྱོད་རིགས་ཀྱི་སོན་རིགས་ཡིན།

(གཉིས) ཁྱད་རྟགས་དང་ཁྱད་གཤིས།

དཔྱིད་གཤིས་དང་བར་སྨིན་ནམ་ཕྱི་སྨིན་སོན་རིགས་ཡིན། སྦུ་གུ་དྲང་མོར་སྐྱེས་ཤིང་མདོག་ལྗང་སྐྱ་ཡིན། ལོ་མ་མང་གྲེས་མདོག་ལྗང་སྐྱ་དང་འདབ་རྩུང་ཆ་གཉིས་ཀྱིས་གྲུབ། འདབ་རྩུང་སོག་ལེའི་ཁ་དང་སྒོ་ངའི་སྒོར་དབྱིབས་ཡིན། འདབ་རྩུང་ལ་ཟད་སོག་ཐིག་ལེ་མེད། ཞབས་སྐོར་ལོ་མའི་འདབ་མཆན་དུ་མེ་ཏོག་སྔོ་ཐིག་མེད། གཞུང་རྩ་ཐུང་བ་དང་མདོག་ལྗང་སྐྱ་ཡིན་ཞིང་གཞུང་རྩའི་སྟེང་དུ་སྤུ་ཚིལ་གྱི་ཕྱི་ཤུན་བཀབ་ཅིང་། སྡོང་རྐང་མཐོ་ཚད་ལ་ལི་སྨི150~170ཡོད་ཅིང་ཕན་ནུས་ལྡན་པའི་ཁ་དབྲག3~5ཡོད། མེ་ཏོག་དཀར་པོ་ཡིན་པ་དང་། དར་ཆའི་དབྱིབས་ཀྱི་འདབ་མ་དང་འབྲུག་གཟུགས་མའི་ལོ་འདབ་མ། གཤོག་དབྱིབས་འདབ་མ་ཚང་མ་དཀར་པོ་ཡིན། གང་བུ་སྒི་མོ་གྲི་དབྱིབས་དང་། སྔོ་སྨན་གྱི་མདོག་ལྗང་ཁུ་དང་སྨིན་པའི་གང་བུའི་མདོག་སེར་པོ་ཡིན། སོན་འབྲུའི་མདོག་དཀར་པོ་ཡིན་ཞིང་

སྨོར་དབྱིབས་དང་འདྲ་མཚུངས་ཡིན། འབྲུ་རྫོག་ཚངས་ཐིག་ལི་སྨི0.3~0.4དང་སོན་ལྗིའི་མདོག་སེར་པོ་ཡིན། སྡོང་རྐང་གཅིག་གི་སྙིང་དུ་གང་བུ20~32དང་གང་བུ་གཉིས་འདོགས་ཚད54%~58%ཡིན། རྐང་གཅིག་ལ་འབྲུ་རྫོག37~67དང་སྡོང་རྐང་གཅིག་འབྲུ་རྫོག་གི་ལྗིད་ཚད་ལ་ཁེ3.8~7ཡོད་ཅིང་། སོན་འབྲུ་སྟམ་པོ་སྟོང་གི་ལྗིད་ཚད་ལ་ཁེ137~207ཡོད། སོན་འབྲུ་སྐམ་པོའི་སིང་ཕྱེ་འདུས་ཚད48.78%དང་སྤྲི་དཀར་རིགས་མོའི་འདུས་ཚད22.79% གང་བུ་སོས་པའི་སྤྲི་དཀར་གྱི་འདུས་ཚད2.56%དང་ཞུ་རུང་བའི་མངར་ཆ་འདུས་ཚད5.57% འཚོ་རྒྱུCའདུས་ཚད་ཀའི་ཁེ52.36གམ་ཁེ100ཡིན། སྐྱེ་འཚར་དུས་ཡུན་ཉིན110ཡིན།

(གསུམ) ཐོན་ཚད་མངོན་ཚུལ།

སྤྱིར་བཏང་གི་སོན་འབྲུ་སྐམ་པོའི་ཐོན་ཚད་ནི་མུའུ་རེར་སྟོང་ཁེ150~200ཡིན་པ་དང་། 2002ལོར་མཚོ་སྔོ་ཁུལ་གུང་ཧོ་རྫོང་ཚབ་ཆ་གྲོང་རྡལ་སོར་རྒྱུག་སྡེ་བར་མུའུ0.2འདེབས་འཛུགས་བྱས་པར་ཐོན་ཚད་མུའུ་རེར་སྟོང་ཁེ180ཡིན། གང་བུ་སོས་པའི་ཐོན་ཚད་མུའུ་རེར་སྟོང་ཁེ800~1500ཡིན། 2002ལོར་ཟི་ལིང་གྲོང་ཁྱེར་ཁྲའོ་དབྱང་ཆི་ཙ་ཁྲིན་དུ་མུའུ0.1འདེབས་འཛུགས་བྱས་པར་གང་བུ་སོས་པའི་ཐོན་ཚད་མུའུ་རེར་སྟོང་ཁེ1640ཡིན།

(བཞི) བེད་སྤྱོད་རིན་ཐང་།

གང་བུ་སོས་པར་ཤུན་པགས་སུ་མོ་མེད་པ་དང་ལྗང་མདོག་ཡིན། སོས་བཟའ་དང་སྐྱུར་འབྲུགས་ཀྱིས་སོས་ཞར་བྱེད་པར་འཚམ་པའི་གང་བུར་སྤྱོད་པའི་གང་བུ་ཆུང་ངུའི་ཧོ་ལན་སྲན་མའི་སོན་རིགས་ཡིན།

(ལྔ) འདེབས་གསོའི་གཙོ་གནད།

ཟླ3པའི་ཟླ་སྨད་ནས་ཟླ4པའི་ཟླ་དཀྱིལ་དང་ཟླ་སྨད་དུ་སོན་འདེབས་བྱེད་པ་དང་། མུའུ་རེར་སོན་འདེབས་བྱེད་ཚད་ཁེ15ཡིན། སོན་འདེབས་མཐུག་ཚད་

སྦུའུ་རེར་སྟོང་ཀང་ཁྲི5~ཁྲི6དང་སྟོང་ཀང་གི་བར་ཐག་ལི་སྨི5~10ཡོད་ཅིང་། སྐར་ཕྲེང་རེའི་བར་ཐག་ལི་སྨི20དང་སྐར་ཕྲེང་གཉིས་རེའི་བར་དུ་བར་སྟོང་ཕྲེང་བ་གཅིག་རེ་འཛུག་དགོས། ལྦང་སྨུག་མཐོ་ཚད་ལི་སྨི30~40ཡིན་དུས་སྙོམ་རྒྱག་དགོས་ཤིང་། ཆུ་གཏོང་ཆ་རྐྱེན་ཡོད་པའི་ས་ཁུལ་དུ་མེ་ཏོག་ཐོག་མར་བཞད་པའི་དུས་དང་གང་བུ་འདོགས་པའི་དུས་སུ་ཆུ་ཐེངས1~2གཏོང་དགོས། གང་བུ་སོས་པ་འཐུ་བའི་སྐབས་སུ་ཆུ་གཏོང་བ་དང་ཟུང་འབྲེལ་བྱས་ནས་སྦུའུ་རེར་ཏན་ལྷད་མེད་ཁེ3~4རྒྱག་དགོས། དུས་བགོས་ནས་སོན་འདེབས་དང་དུས་བགོས་ནས་འཐུ་འཐོག་བྱེད་དགོས། སྦྱུ་གུ་ཐོན་རྗེས་ཀྱི་ཉིན50~60ནང་དུ་འཐུ་དགོས་པ་དང་ཉིན4~5རེའི་ནང་དུ་ཐེངས་རེར་འཐུ་དགོས། སྦྱུ་གུའི་དུས་སུ་འབུ་སྲང་དང་ས་འོག་གནོད་འབུ་སྔོན་དུ་འགོག་བཅོས་བྱ་རྒྱུར་མཉམ་འཛུག་བྱེད་དགོས།

(དྲུག) འཚམ་མཐུན་ས་ཁུལ།

མཚོ་སྔོན་ཞིང་ཆེན་ཤར་ཕྱོགས་ཀྱི་ཞིང་ལས་ཁུལ་དང་ཚྭ་འདམ་གཤོང་སར་འདེབས་འཛུགས་བྱེད་པར་འཚམ།

བཅུ་གཉིས། རྩྭ་ཐང་ཨང10པ།

(གཅིག) སོན་རིགས་འབྱུང་ཁུངས།

1966ལོར་ཁོབ60 (γའཕྲོ་ཐིག20000ལུན་ཆེན) སྤྲོད་དེ་རྩྭ་ཐང་སྲུན་ནག་གི་སོན་འབྲུ་སྐམ་པོར་འཕྲོས་ནས། ནད་རྐྱེན་སློང་བའི་སྙི་བུར་དུ་འགྱུར་བའི་ས་བོན་སེར་པོའི་སྟོང་ཀང་ཁྲིད་ནས་གསོ་སྐྱེལ་བྱས་པ་ཡིན། 1984ལོའི་ཟླ11པར། མཚོ་སྔོན་ཞིང་ཆེན་ཞིང་ལས་སྐྱེ་དངོས་སོན་རིགས་ཞིབ་བཤེར་གཏན་འབེབས་ཨུ་ཡོན་ལྷན་ཁང་གིས་ཞིབ་བཤེར་གཏན་འབེབས་གྲོས་འཆམ་བྱུང་རྗེས། མིང་ལ་རྩྭ་ཐང་ཨང10པ་ཞེས་གཏན་ཁེལ་བྱས། སོན་རིགས་ཚད་མཐུན་ལག་ཁྱེར་ཨང་གྲངས་ནི་མཚོ་སོན་མཉམ་ཡིག་ཨང054པ་ཡིན།

(གཉིས) ཁྱད་རྟགས་དང་ཁྱད་གཤིས།

དཔྱིད་གཤིས་ཕྱི་སྨིན་སོན་རིགས་ཡིན། སྦྱུ་གུ་ཕྱེད་ཙམ་དྲང་མོ་ལངས་ཤིང་མདོག་ལྗང་སྐྱ་ཡིན། ལོ་མ་མང་གྲེས་ལྗང་མདོག་དང་འདབ་ཚུང་ཆ2~3གྲེས་གྲུབ། འདབ་ཚུང་སྟེང་དུ་ཟད་གོག་ཐིག་ལེ་ཙུང་ཞིང་། ཞབས་སྐྱོར་ལོ་མའི་ཟད་གོག་ཁྲ་ཐིག་མངོན་གསལ་ཡིན། ཞབས་སྐྱོར་ལོ་མའི་འདབ་མཆན་གྱི་མེ་ཏོག་སྔོ་ཐིག་མངོན་གསལ་མིན། གཞུང་རྩ་ཐུང་བ་དང་མདོག་ལྗང་སྐྱ་ཡིན་ལ། གཞུང་རྩའི་སྟེང་དུ་པྲ་ཚིལ་གྱི་ཤུན་པགས་བཀབ་མེད། སྙོང་རྐང་མཐོ་ཚད་ལ་ལི་སྨི34~45ཡོད། མེ་ཏོག་དམར་སྨུག་དང་དར་ཆའི་དབྱིབས་ཀྱི་འདབ་མ་སྨུག་སྐྱ། འབྲུག་གཟུགས་མའི་ལོ་འདབ་མའི་མདོག་ལྗང་སྐྱ། གཤོག་དབྱིབས་འདབ་མའི་མདོག་སྨུག་ནག་ཡིན། གང་བུ་སྲ་མོ་དྲང་མོའི་དབྱིབས་དང་། སྔོ་སྲན་ལྗང་སྐྱའི་མདོག་དང་སྨིན་པའི་གང་བུའི་མདོག་སེར་སྐྱ་ཡིན། སོན་འབྲུའི་སྟེང་དུ་ཁམ་རིས་སྨུག་ཐིག་ཡོད་ཅིང་སྒྲིས་དབྱིབས་སུ་མངོན། འབྲུ་རྡོག་ཚངས་ཐིག་ལི་སྨི0.6~0.8དང་སྐྱེ་རྟེན་ལོ་མའི་མདོག་སེར་སྐྱ་ཡིན་ལ་སོན་ལྟེའི་མདོག་ཁམ་སྐྱའམ་ནག་པོ་ཡིན། སྙོང་རྐང་གཅིག་གི་སྟེང་དུ་གང་བུ14~20དང་སྙོང་རྐང་གཅིག་ལ་འབྲུ་རྡོག62~81ཡོད། འབྲུ་རྡོག་སྟོང་གི་ལྗིད་ཚད་ལ་ཁེ225.3~238.7དང་སྙོང་རྐང་གཅིག་གི་འབྲུ་རྡོག་ལྗིད་ཚད་ལ་ཁེ13.1~16.9ཡོད། སོན་འབྲུའི་སེང་ཕྱེ་འདུས་ཚད53.01%དང་སྤྲི་དཀར་རགས་པོའི་འདུས་ཚད25.26%ཡིན། སྐྱེ་འཚར་དུས་ཡུན་ཉིན130ཡིན། ཐན་པ་འགོག་པའི་ནུས་པ་ཆེ་བ་དང་། རྩ་བ་རུལ་ནད་དང་ཕྱེ་དཀར་ནད་ཀྱང་ཙུང་འགོག་ཐུབ།

(གསུམ) ཐོན་སྐྱེད་ནུས་པ་དང་འཚམ་མཐུན་ས་ཁུལ།

ཕྱིར་བཏང་དུ་མུའུ་རེའི་ཐོན་ཚད་སྟོང་ཁེ134~167ཡིན། མཚོ་སྔོན་ཞིང་ཆེན་གྱི་ཤར་ཕྱོགས་ཞིང་ལས་ཁུལ་གྱི་མིན་ཧོ་དང་ལུང་མདོ་སོགས་ས་ཁུལ་དང་། ཐན་སྐམ་འབྲིང་རིམ་ས་ཁུལ་དུ་འདེབས་འཛུགས་བྱས་ན་འཚམ།

(བཞི) འདེབས་གསོའི་གཙོ་གནད།

ཟླ3པའི་ཟླ་སྨད་ནས་ཟླ4པའི་ཟླ་སྟོད་དུ་སོན་འདེབས་བྱེད་པ་དང་། མུའུ་རེར་སོན་འདེབས་བྱེད་ཚད་སྟོང་ཁེ15ཡིན། སོན་འདེབས་མཐུག་ཚད་མུའུ་རེར་སྡོང་ཀང་ཁྲི5~ཁྲི6ཡིན། སྨྱུ་གུའི་དུས་སུ་འབུ་སྲུང་དང་ས་འོག་གནོད་འབུ་སྔོན་དུ་འགོག་བཅོས་བྱ་རྒྱུར་མཉམ་འཛོག་བྱེད་དགོས།

བཅུ་གསུམ། རྩྭ་ཐང་ཨང12པ།

(གཅིག) སོན་རིགས་འབྱུང་ཁུངས།

རྩྭ་ཐང་ཨང12པ་ནི་མཚོ་སྔོན་ཞིང་ཆེན་ཞིང་ནགས་ཚན་རིག་ཁང་གིས1969ལོར(སྒྲིན་སྔོན་ཆེན་མོ×ནེ་པ་ལ)F1མ་སྡོང་བྱས་པ་དང5–7–8ཕ་སྡོང་བྱས་ཏེ་མཚན་ཡོད་རྒྱུད་འདྲེས་སྦེབ་སྦྱོར་འདེམས་གསོ་བྱས་པ་ལས་གྲུབ་པ་ཞིག་ཡིན། ཐོག་མའི་ཚབ་རྟགས69–13–2ཡིན། 1988ལོའི་ཟླ7པར། མཚོ་སྔོན་ཞིང་ཆེན་ཞིང་ལས་སྐྱེ་དངོས་སོན་རིགས་ཞིབ་བཤེར་གཏན་འབེབས་ཨུ་ཡོན་ལྷན་ཁང་གིས་ཞིབ་བཤེར་གཏན་འབེབས་གྲོས་འཆམ་བྱུང་རྗེས། མིང་ལ་རྩྭ་ཐང་ཨང12པ་ཞེས་གཏན་ཁེལ་བྱས། སོན་རིགས་ཀྱི་ཚད་མཐུན་ལག་ཁྱེར་ཨང་གྲངས་ནི་མཚོ་སོན་མཉམ་ཡིག་ཨང0070པ་ཡིན།

(གཉིས) ཁྱད་རྟགས་དང་ཁྱད་གཤིས།

དཔྱིད་གཤིས་དང་ཕྱི་སྨིན་སོན་རིགས་ཡིན། སྨྱུ་གུ་ཕྱེད་ཙམ་དྲང་མོ་ལངས་ཤིང་དམར་སྨུག་ལྗང་མདོག་ཡིན། ལོ་མ་མང་གྱེས་ལྗང་མདོག་དང་འདབ་ཆུང་ཆ2~3གྱིས་གྲུབ། འདབ་ཆུང་ལོ་མའི་མཐའ་སྐོམས་པ་དང་འཛོང་དབྱིབས་ཆེ་བ་ཡིན། འདབ་ཆུང་སྟེང་དུ་ཟད་གོག་ཐིག་ལེ་ཉུང་ཞིང་། ཞབས་སྐྱོར་ལོ་མའི་ཟད་གོག་ཁྲ་ཐིག་མངོན་གསལ་ཡིན། ཞབས་སྐྱོར་ལོ་མའི་འདབ་མཆན་དུ་མེ་ཏོག་སྔོ་ཐིག་ཡོད། གཞུང་རྩ་རིང་བ་དང་མདོག་ལྗང་སྐྱ་ཡིན་ལ། གཞུང་རྩའི་སྟེང་དུ་སྦྲ་ཚིལ་གྱི་ཤུན་པགས་བཀབ་ཅིང་། སྡོང་ཀང་མཐོ་ཚད་ལ་ལི་སྨི150~180ཡོད། མེ་ཏོག་དམར་

སྨུག་དང་དར་ཆའི་དབྱིབས་ཀྱི་འདབ་མ་སྨུག་སྐྱ། འབྲུག་གཟུགས་མའི་ལོ་འདབ་མ་ལྗང་སྐྱ། གཞོག་དབྱིབས་འདབ་མའི་མདོག་སྨུག་ནག་ཡིན། གང་བུ་སྲ་མོ་དྲང་མོའི་དབྱིབས་དང་། སྦོ་སྲབ་ཀྱི་མདོག་ལྗང་སྐྱ་དང་སྨིན་པའི་གང་བུའི་མདོག་སེར་སྐྱ་ཡིན། སོན་འབྲུའི་སྟེང་དུ་ཁམ་རིས་སྨུག་ཐིག་ཡོད་ཅིང་སྒོར་དབྱིབས་སུ་མངོན། འབྲུ་རྡོག་ཚངས་ཐིག་ལི་སྨི0.6~0.8དང་སྐྱེ་རྟེན་པོ་མའི་མདོག་སེར་སྐྱ་ཡིན་ལ་སོན་ལྟེའི་མདོག་ཁམ་སྐྱའམ་ནག་པོ་ཡིན། སྡོང་རྐང་གཅིག་གི་སྟེང་དུ་གང་བུ14~20དང་སྡོང་རྐང་གཅིག་ལ་འབྲུ་རྡོག62~80ཡོད། འབྲུ་རྡོག་སྟོང་གི་ལྗིད་ཚད་ལ་ཁེ225.3~238.7དང་སྡོང་རྐང་གཅིག་འབྲུ་རྡོག་ལྗིད་ཚད་ལ་ཁེ13.1~16.9ཡོད། སོན་འབྲུའི་སིང་ཕྱེ་འདུས་ཚད53%དང་སྤྲི་དཀར་རགས་པོའི་འདུས་ཚད25.26%ཡིན། སྐྱེ་འཚར་དུས་ཡུན་ཉིན130ཡིན། ཐན་པ་འགོག་པའི་ནུས་པ་ཆེ་བ་དང་། རྩ་བ་རུལ་ནད་དང་ཕྱེ་དཀར་ནད་ཀྱང་ཙུང་འགོག་ཐུབ།

(གསུམ) ཐོན་སྐྱེད་ནུས་པ་དང་འཚམ་མཐུན་ས་ཁུལ།

སྤྱིར་བཏང་དུ་མུའུ་རེའི་ཐོན་ཚད་སྟོང་ཁེ150~200ཡིན། མཚོ་སྔོན་ཞིང་ཆེན་ཀྱི་ཐན་སྐམ་འབྲིང་དམའ་རིམ་པའི་ས་ཁུལ་དུ་འདེབས་འཛུགས་བྱས་ན་འཚམ།

(བཞི) འདེབས་གསོའི་གཙོ་གནད།

ཟླ3པའི་ཟླ་སྨད་ནས་ཟླ4པའི་ཟླ་དཀྱིལ་བར་སོན་འདེབས་བྱེད་པ་དང་། མུའུ་རེར་སོན་འདེབས་བྱེད་ཚད་སྟོང་ཁེ15ཡིན། སོན་འདེབས་མཐུག་ཚད་མུའུ་རེར་སྡོང་རྐང་ཁྲི5~ཁྲི6ཡིན། སྨྱུ་གུའི་དུས་སུ་འབུ་སྲིན་དང་ས་འོག་གནོད་འབུ་ལ་སྔོན་དུ་འགོག་བཅོས་བྱ་རྒྱུར་མཉམ་འཛོག་བྱེད་དགོས།

བཅུ་བཞི། རྩྭ་ཐང་ཨང11པ།

(གཅིག) སོན་རིགས་འབྱུང་ཁུངས།

རྩྭ་ཐང་ཨང11པ་ནི་མཚོ་སྔོན་ཞིང་ཆེན་ཞིང་ནགས་ཚན་རིག་ཁང་དང་རུའུ

ཀྲུའུ་རྫོང་ཞིང་ལས་ལག་རྩལ་ཁྱབ་གདལ་ལྟེ་གནས་ཀྱིས1968ལོར5–7–8མ་སྔོང་དང་གཞུང་རྡ་ལེབ་མོའི་སྨན་ནག་ཕ་སྔོང་བྱས་ཏེ། མཚན་ཡོད་རྒྱུད་འདྲེས་སྡེབ་སྦྱོར་འདེམས་གསོ་བྱས་པ་ལས་གྲུབ་ཅིང་། 1994ལོའི་ཟླ8པར། མཚོ་སྔོན་ཞིང་ཆེན་མཚོ་ཤར་ས་ཁུལ་གྱི་ཞིང་ལས་སྐྱེ་དངོས་སོན་རིགས་ཞིབ་བཤེར་གཏན་འབེབས་ཨུ་ཡོན་ལྷན་ཁང་གིས་ཞིབ་བཤེར་གཏན་འབེབས་གྲོས་འཆམ་བྱུང་རྗེས། མིང་ལ་རྩ་ཐང་ཨང11པ་ཞེས་གཏན་ཁེལ་བྱས། སོན་རིགས་ཚད་མཐུན་ལག་ཁྱེར་ཨང་གྲངས་ནི་ཤར་སོན་མཉམ་ཡིག་ཨང006པ་ཡིན།

(གཉིས) ཁྱད་རྟགས་དང་ཁྱད་གཤིས།

དཔྱིད་གཤིས་དང་ཕྱི་སྨིན་སོན་རིགས་ཡིན། སྦུ་གུ་ཕྱེད་ཙམ་དྲང་མོ་ལངས་ཤིང་མདོག་ལྗང་སྐྱ་ཡིན། ལོ་མ་མང་གྲེས་ལྗང་མདོག་དང་འདབ་ཆུང་ཚ2~3གྱིས་གྲུབ། འདབ་ཆུང་ལོ་མའི་མཐའ་སྙོམས་པ་དང་འཛོང་དབྱིབས་ནར་མོ་ཡིན། འདབ་ཆུང་སྟེང་དུ་ཟད་གོག་ཐིག་ལེ་ཙུང་ཞིང་། ཞབས་སྐྱོར་ལོ་མའི་ཟད་གོག་ཁྲ་ཐིག་མངོན་གསལ་ཡིན། ཞབས་སྐྱོར་ལོ་མའི་འདབ་མཆན་དུ་མེ་ཏོག་སྔོ་ཐིག་མེད། གཞུང་རྡ་རིང་བ་དང་ལྗང་སྐྱ་ཡིན་ལ། གཞུང་རྡའི་སྟེང་དུ་སྤྲ་ཚིལ་གྱི་ཤུན་པགས་བཀབ་ཅིང་། སྔོང་རྐང་མཐོ་ཚད་ལ་ལི་སྨི134~158ཡོད། མེ་ཏོག་དཀར་པོ་ཡིན་ལ་དར་ཆའི་དབྱིབས་ཀྱི་འདབ་མ་དང་འབྲུག་གཟུགས་མའི་ལོ་འདབ་མ། གཤོག་དབྱིབས་འདབ་མ་ཚང་མ་དཀར་པོ་ཡིན། གང་བུ་སྲ་མོ་དྲང་མོའི་དབྱིབས་དང་། སྔོ་སྨན་གྱི་མདོག་ལྗང་སྐྱ་དང་སྨིན་པའི་གང་བུའི་མདོག་སེར་སྐྱ་ཡིན། སོན་འབྲུ་དཀར་པོ་སྒོར་དབྱིབས་ཡིན། སྐྱེ་རྟེན་ལོ་མའི་མདོག་སེར་སྐྱ་ཡིན་ལ་སོན་ལྟེའི་མདོག་ཀྱང་སེར་སྐྱ་ཡིན། སྔོང་རྐང་གཅིག་གི་སྟེང་དུ་གང་བུ5~8དང་སྔོང་རྐང་གཅིག་ལ་འབྲུ་རྡོག20~40ཡོད། འབྲུ་རྡོག་སྟོང་གི་ལྗིད་ཚད་ལ་ཁེ220~230དང་སྔོང་རྐང་གཅིག་གི་འབྲུ་རྡོག་ལྗིད་ཚད་ལ་ཁེ8.3~15.9ཡོད། སོན་འབྲུའི་སྤྱི་དཀར་རགས་

པོའི་འདུས་ཚད23.98%ཡིན། སྐྱེ་འཚར་དུས་ཡུན་ཉིན130ཡིན། རྩ་བ་རྟུལ་བའི་ནད་འགོག་པའི་ནུས་པ་ཅུང་ཆེ་བ་དང་གྲང་དར་བཟོད་ནུས་ཅུང་བཟང་།

(གསུམ) ཐོན་སྐྱེད་ནུས་པ་དང་འཚམ་མཐུན་ས་ཁུལ།

སྤྱིར་བཏང་དུ་མུའུ་རེའི་ཐོན་ཚད་སྟོང་ཁེ140~180ཡིན། མཚོ་སྔོན་ཞིང་ཆེན་གྱི་ཐན་སྐམ་འབྲིང་དམའ་རིམ་པའི་ས་ཁུལ་འདེབས་འཛུགས་བྱས་ན་འཚམ།

(བཞི) འདེབས་གསོའི་གཙོ་གནད།

ཟླ3པའི་ཟླ་སྨད་ནས་ཟླ4པའི་ཟླ་སྟོད་དུ་སོན་འདེབས་བྱེད་པ་དང་མུའུ་རེར་སོན་འདེབས་བྱེད་ཚད་སྟོང་ཁེ15ཡིན། སོན་འདེབས་མཐུག་ཚད་མུའུ་རེར་སྡོང་ཀང་ཁྲི5~ཁྲི6ཡིན། སྡོང་ཀང་གི་བར་ཐག་ལི་སྨི3~6དང་སྐར་ཕྲེང་གི་བར་ཐག་ལི་སྨི25~30ཡིན། སྨུ་གུའི་དུས་སུ་འབུ་སྲིང་དང་ས་འོག་གནོད་འབུ་ལ་སྔོན་དུ་འགོག་བཅོས་བྱ་རྒྱུར་མཉམ་འཛོག་བྱེད་དགོས།

བཅོ་ལྔ། ཅའོ་ཕན་ཨང1པ།

(གཅིག) སོན་རིགས་འབྱུང་ཁུངས།

ཅའོ་ཕན་ཨང1པ་ནི་མཚོ་སྔོན་ཞིང་ཆེན་ཞིང་ནགས་ཚན་རིག་ཁང་དང་ལུང་མདོ་ཛོང་ཞིང་ལས་ལག་རྩལ་ཁྱབ་གདལ་ལྟེ་གནས་ཀྱིས་ཕྱི་རྒྱལ་གྱི་སོན་རིགས1360ནང་དུ་མ་ལག་ཚང་བའི་སྒོ་ནས་འདེམས་གསོ་བྱས་ཤིང་། 1994ལོའི་ཟླ8པར། མཚོ་སྔོན་ཞིང་ཆེན་མཚོ་ཤར་ས་ཁུལ་གྱི་ཞིང་ལས་སྐྱེ་དངོས་སོན་རིགས་ཞིབ་བཤེར་གཏན་འཁེལ་ཨུ་ཡོན་ལྷན་ཁང་གིས་ཞིབ་བཤེར་གཏན་འཁེལ་གྲོས་འཆམ་བྱུང་རྗེས། མིང་ལ་ཅའོ་ཕན་ཨང1པ་ཞེས་གཏན་ཁེལ་བྱས། སོན་རིགས་ཚད་མཐུན་ལག་ཁྱེར་ཨང་གྲངས་ནི་ཤར་སོན་མཉམ་ཡིག་ཨང007པ་ཡིན།

(གཉིས) ཁྱད་རྟགས་དང་ཁྱད་གཤིས།

དཔྱིད་གཤིས་དང་སྟ་སྨིན་སོན་རིགས་ཡིན། སྨུ་གུ་དྲང་མོར་སྐྱེས་ཤིང་དམར་

སྨུག་སྐྱ་མདོག་ཡིན། ལོ་མ་མང་གྲེས་ལྗང་མདོག་དང་འདབ་ཆུང་ཆ2~3གྲེས་གྲུབ། འདབ་ཆུང་ལོ་མའི་མཐའ་སྙོམས་པ་དང་འཇོང་དབྱིབས་ནར་མོ་ཡིན། འདབ་ཆུང་སྟེང་དུ་ཟད་གོག་ཐིག་ལེ་ཙུང་ཞིང་། ཞབས་སྐྱོར་ལོ་མའི་ཟད་གོག་ཁྲ་ཐིག་མངོན་གསལ་ཡིན། ཞབས་སྐྱོར་ལོ་མའི་འདབ་མཆན་དུ་མེ་ཏོག་སྦོ་ཐིག་ཡོད། གཞུང་རྟ་ཐུང་བ་དང་མདོག་ལྗང་སྐྱ་ཡིན་ལ། གཞུང་རྟའི་སྟེང་དུ་སྤྲ་ཚིལ་གྱི་ཤུན་པགས་བཀབ་ཅིང་། སྡོང་རྐང་མཐོ་ཚད་ལ་ལི་སྨི50~170ཡོད། མེ་ཏོག་དམར་སྨུག་དང་དར་ཆའི་དབྱིབས་ཀྱི་འདབ་མ་སྨུག་སྐྱ། འབྲུག་གཟུགས་མའི་ལོ་འདབ་མ་ལྗང་སྐྱ། གཤོག་དབྱིབས་འདབ་མའི་མདོག་སྨུག་ནག་ཡིན། གང་བུ་སྲ་མོ་དྲང་མོའི་དབྱིབས་དང་། སྦོ་སྲན་གྱི་མདོག་ལྗང་སྐྱ་དང་སྨིན་པའི་གང་བུའི་མདོག་སེར་སྐྱ་ཡིན། སོན་འབྲུའི་སྟེང་དུ་ཁམ་རིས་སྨུག་ཐིག་ཡོད་ཅིང་སྒོར་དབྱིབས་དང་འདྲ་མཚུངས་ཡིནན། འབྲུ་ཇོག་ཚངས་ཐིག་ལི་སྨི0.6~0.8དང་སྐྲེ་རྟེན་ལོ་མའི་མདོག་སེར་སྐྱ་ཡིན་ལ་སོན་ལྟེའི་མདོག་ཁམ་སྐྱ་ཡིན། སྡོང་རྐང་གཅིག་གི་སྟེང་དུ་གང་བུ5~8དང་སྡོང་རྐང་གཅིག་ལ་འབྲུ་ཇོག25~40ཡོད། འབྲུ་ཇོག་སྟོང་གི་ལྗིད་ཚད་ལ་ཁེ210~230དང་སྡོང་རྐང་གཅིག་གི་འབྲུ་ཇོག་ལྗིད་ཚད་ལ་ཁེ6.2~11.2ཡོད། སོན་འབྲུའི་སིང་ཕྱེ་འདུས་ཚད39.8%དང་སྤྲི་དཀར་རགས་པོའི་འདུས་ཚད24.21% ཡིན། སྐྱེ་འཚར་དུས་ཡུན་ཉིན80ཡིན། རྩ་བ་རུལ་ནད་ཅུང་འགོག་ཐུབ་ཅིང་གྲང་ངར་ཙུང་བཟོད་ཐུབ།

(གསུམ) ཐོན་སྐྱེད་ནུས་པ་དང་འཚམ་མཐུན་ས་ཁུལ།

བསྐྱར་འདེབས་བྱས་ན་སྤྱིར་བཏང་དུ་མུའུ་རེའི་ཐོན་ཚད་སྟོང་ཁེ100~150བར་ཡིན། མཚོ་སྔོན་ཞིང་ཆེན་གྱི་ཤར་རྒྱུད་ཞིང་ལས་ཁུལ་གྱི་རྨ་ཆུ་དང་ཙོང་ཆུ་འབབ་རྒྱུད་ཀྱི་དྲོད་ཚད་ཆ་རྐྱེན་ལེགས་པའི་ཆུ་ཞིང་ས་ཁུལ་དུ་བསྐྱར་འདེབས་བྱེད་པར་འཚམ།

(བཞི) འདེབས་གསོའི་གཙོ་གནད།

བསྐྱར་འདེབས་ཀྱི་དུས་སུ་སོན་འདེབས་བྱེད་ཅིང་། མུའུ་རེར་སོན་འདེབས་བྱེད་ཚད་སྟོང་ཁ15དང་སོན་འདེབས་མཐུག་ཚད་མུའུ་རེར་སྟོང་ཕྲང་ཁྲི5~ཁྲི6ཡིན། སྟོང་ཕྲང་གི་བར་ཐག་ལི་སྨི3~6དང་སྐར་ཕྲེང་གི་བར་ཐག་ལི་སྨི25~30ཡིན། སྨྱུ་གུའི་དུས་སུ་འབུ་སྲིན་དང་ས་འོག་གནོད་འབུ་ལ་སྔོན་དུ་འགོག་བཅོ་བྱ་རྒྱུར་མཉམ་འཛོག་བྱེད་དགོས།

བཅུ་དྲུག ཐྭ་ཐང224པ།

(གཅིག) སོན་རིགས་འབྱུང་ཁུངས།

ཐྭ་ཐང224པ་ནི་མཚོ་སྔོན་ཞིང་ཆེན་ཞིང་ནགས་ཚན་རིག་ཁང་གིས1973ལོར71088མ་སྟོང་དང་ཚལ་སྒྱོད་སྲན་ནག་ནི་ཕ་སྟོང་བྱས་ནས་མཚན་ཡོད་རྒྱུད་འདྲེས་སྦེལ་སྦྱོར་འདེམས་གསོ་བྱས་པ་ལས་གྲུབ་པ་ཞིག་ཡིན། དེ་སྔའི་ཚབ་རྟགས74–22–4བར་ཡིན། 1994ལོའི་ཟླ11པར། མཚོ་སྔོན་ཞིང་ཆེན་ཞིང་ལས་སྐྱེ་དངོས་སོན་རིགས་ཞིབ་བཤེར་གཏན་འབེབས་ཨུ་ཡོན་ལྷན་ཁང་གིས་ཞིབ་བཤེར་གཏན་འབེབས་གྲོས་འཆམ་བྱུང་རྗེས། མིང་ལ་ཐྭ་ཐང224པ་ཞེས་གཏན་ཁེལ་བྱས། སོན་རིགས་ཚད་མཐུན་ལག་ཁྲེར་ཨང་གྲངས་ནི་མཚོ་མཉམ་ཡིག་ཨང0083ཡིན།

(གཉིས) ཁྱད་རྟགས་དང་ཁྱད་གཤིས།

དཔྱིད་གཤིས་དང་ཕྱི་སྨིན་སོན་རིགས་ཡིན། སྨྱུ་གུ་ཕྱེད་ཙམ་དྲང་མོ་ལངས་ཤིང་དམར་སྨུག་ལྗང་མདོག་ཡིན། ལོ་མ་མང་གྲེས་ལྗང་མདོག་དང་འདབ་ཆུང་ཆ2~3ཀྱིས་གྲུབ། འདབ་ཆུང་ལོ་མའི་མཐའ་སྐྱོམས་པ་དང་འཛིང་དབྱིབས་ནར་མོ་ཡིན། ཞབས་སྐྱོར་ལོ་མའི་མདོག་ལྗང་ཁུ་དང་ལོ་མའི་ཤ་རལ་ཡོད། འདབ་ཆུང་དང་ཞབས་སྐྱོར་ལོ་མའི་སྟེང་དུ་ཟད་ཀོག་ཐིག་ལེ་ཉུང་ཞིང་། ཞབས་སྐྱོར་ལོ་མའི་འདབ་མཆན་དུ་མེ་ཏོག་སྔོ་ཐིག་ཡོད། གཞུང་རྡ་རིང་བ་དང་མདོག་ལྗང་སྐྱ་ཡིན་

ལ། གཞུང་རྟའི་སྟེང་དུ་སྤྲ་ཚིལ་གྱི་ཤུན་པགས་བཀབ་ཅིང་། སྟོང་ཁང་གི་མཐོ་ཚད་ལ་ལི་སྨི130~160ཡོད། མེ་ཏོག་དམར་སྨུག་དང་དར་ཚའི་དབྱིབས་ཀྱི་འདབ་མ་སྨུག་དམར། གཤོག་དབྱིབས་འདབ་མ་སྨུག་དམར། འབྲུག་གཟུགས་མའི་ལོ་འདབ་ཀྱི་མདོག་ལྗང་སྐྱ་ཡིན། གང་བུ་སྲ་མོ་གྲི་རིང་གི་དབྱིབས་དང་། སྦོ་སྲབ་ལྗང་མདོག་དང་སྨིན་པའི་གང་བུའི་མདོག་སེར་སྐྱ་ཡིན། སོན་པགས་ཀྱི་མདོག་ལྗང་ཁུ་དང་སྟེང་དུ་སྨུག་མདོག་ཐིག་ལེ་ཡོད། སོན་འབྲུ་སྒོར་དབྱིབས་དང་འབྲུ་རྫོག་ཚངས་ཐིག་ལི་སྨི0.7~0.8ཡོད་ཅིང་སྐྱེ་རྟེན་ལོ་མ་ལི་མདོག་སེར་པོ་ཡིན་ལ་སོན་ལྟེའི་མདོག་ཁམ་སྐྱ་ཡིན། སྟོང་ཁང་གཅིག་གི་སྟེང་དུ་གང་བུ4~9དང་སྟོང་ཁང་གཅིག་ལ་འབྲུ་རྫོག36~40ཡོད། འབྲུ་རྫོག་སྟོང་གི་ལྗིད་ཚད་ལ་ཁེ212.4~233.2དང་སྟོང་ཁང་གཅིག་གི་འབྲུ་རྫོག་ལྗིད་ཚད་ལ་ཁེ8.4~10.4ཡོད། སོན་འབྲུའི་སིང་ཕྱེ་འདུས་ཚད53%དང་སྤྲི་དཀར་རགས་པོའི་འདུས་ཚད25.26%ཡིན། སྐྱེ་འཚར་དུས་ཡུན་ཉིན130ཡིན། ཐན་པ་འགོག་པའི་ནུས་པ་ཆེ་བ་དང་རྩ་བ་རུལ་ནད་དང་ཕྱེ་དཀར་ནད་ཀྱང་ཅུང་འགོག་ཐུབ།

(གསུམ) ཐོན་སྐྱེད་ནུས་པ་དང་འཚམ་མཐུན་ས་ཁུལ།

ཕྱིར་བཏང་དུ་མུའུ་རེའི་ཐོན་ཚད་སྟོང་ཁེ200ཡིན། མཚོ་སྔོན་ཞིང་ཆེན་གྱི་ཐན་སྐམ་དམའ་འབྲིང་རིམ་པའི་ས་ཁུལ་དང་དབུས་རྒྱུད་ཀྱི་ཐན་སྐམ་ས་ཁུལ་དུ་འདེབས་འཛུགས་བྱས་ན་འཚམ།

(བཞི) འདེབས་གསོའི་གཙོ་གནད།

ཟླ3པའི་ཟླ་སྨད་ནས་ཟླ4པའི་ཟླ་དཀྱིལ་དང་ཟླ་སྨད་དུ་སོན་འདེབས་བྱེད་པ་དང་། མུའུ་རེར་སོན་འདེབས་བྱེད་ཚད་སྟོང་ཁེ15ཡིན། སོན་འདེབས་མཐུག་ཚད་མུའུ་རེར་སྟོང་ཁང་ཁྲི5.5~ཁྲི7དང་། སྟོང་ཁང་གི་བར་ཐག་ལི་སྨི3~6བར་དང་སྤར་ཕྲེང་གི་བར་ཐག་ལི་སྨི20ཡིན། མྱུ་གུའི་དུས་སུ་འབུ་སྲིང་དང་ས་འོག་གནོད་འབུ་ལ་

སྔོན་དུ་འགོག་བཅོས་བྱ་རྒྱུར་མཉམ་འཛོག་བྱེད་དགོས།

བཅུ་བདུན། མངར་སོབ་ཅན།

སྡོང་རྐང་ཐུང་བ་དང་སྡོང་རྐང་གི་མཐོ་ཚད་ལ་ལི་སྨི40ཡོད། གཞུང་རྟ་དྲང་མོར་སྐྱེས་ཤིང་ཁ་དབྱག1~2ཡོད། ཁྲ་ཐིག་གི་མདོག་དཀར་པོ་ཡིན། སྡོང་རྐང་གཅིག་གི་སྟེང་དུ་གང་བུ10~12ཐོགས་པ་དང་། གང་བུ་སྐོར་མོ་ཇ་བྱུག་དབྱིབས་ཡིན་ཞིང་གང་བུའི་རིང་ཚད་ལ་ལི་སྨི7~8དང་ཚངས་ཐིག་ལ་ལི་སྨི1.2ཡོད་ཅིང་། གང་བུ་གཅིག་གི་ལྗིད་ཚད་ལ་ཁེ6~7ཡོད། གང་བུ་གསར་བ་ནི་ལྗང་སྐྱ་ཡིན་ལ་སྨྲུས་ཀ་འཇམ་ཞིང་མཉེན་པ་དང་བྲོ་བ་ཞིམ་པོ་ཡིན། གང་བུ་རེར་ས་བོན6~7རེ་ཡོད། འབྲས་བུ་སྨིན་དུས་འབྲུ་ཛོག་སྡོང་གི་ལྗིད་ཚད་ཁེ200ཡས་མས་ཡིན། སྔ་སྨིན་གྱི་རིགས་ཀྱི་གཏོགས་ཤིང་ས་བོན་བཏབ་རྗེས་ཀྱི་ཉིན70ཡས་མས་སུ་གང་བུ་གསར་བ་བསྡུ་དགོས། ཧྭ་པེ་དང་ཧུན་པེ། ཧྭ་ཧུང་ལྷོ་ནུབ་ས་ཁུལ་བཅས་སུ་འདེབས་འཛུགས་བྱེད་པར་འཚམ།

བཅོ་བརྒྱད། རྒྱ་ཐང31

སྡོང་རྐང་འཁྲིལ་སྐྱེས་དང་སྡོང་རྐང་མཐོ་ཚད་ལ་སྨི1.4~1.5ཡོད་ཅིང་ཁ་དབྱག་ཉུང་། ཁྲ་ཐིག་དཀར་པོ་ཡིན། སྡོང་རྐང་གཅིག་གི་སྟེང་དུ་གང་བུ10ཙམ་ཐོགས་པ་དང་། གང་བུའི་རིང་ཚད་ལ་ལི་སྨི14དང་ཞེང་ལ་ལི་སྨི3ཡོད། གང་བུ་རེར་ས་བོན4~5ཡོད། འབྲས་བུ་སྨིན་དུས་ཀྱི་འབྲུ་ཛོག་སྡོང་གི་ལྗིད་ཚད་ལ་ཁེ250~270ཡོད། ཉི་འོད་འཕྲོ་ཚུལ་ལ་ཚོར་བ་སྐྱེན་པོ་མེད་པས་རྒྱལ་ཡོངས་ཀྱི་ས་ཁུལ་མང་ཆེ་བར་འདེབས་འཛུགས་བྱས་ཆོག འཕྲོད་ནུས་ཆེ་ཞིང་རྩ་བ་རུལ་ནད་དང་ཁམ་ཁྲའི་ནད་ཙུང་འགོག་ཐུབ།

བཅུ་དགུ། ཅིན་དབྱིན8625

སྡོང་རྐང་ཐུང་ཞིང་སྡོང་རྐང་གི་མཐོ་ཚད་ལ་ལི་སྨི60~70དང་ཁ་དབྱག1~3

ཡོད། གང་བུ་ཀ་ཧྲུམ་གྱི་དབྱིབས་ཡིན། གང་བུའི་རིང་ཚད་ལ་ལི་སྨི6དང་ཞེང་ཚད་ལ་ལི་སྨི1.2ཡོད། གང་བུ་གསར་བའི་ཤ་མཐུག་ཅིང་སྙི་ལ་སྦྲུས་ཀ་ཏ་ཅང་བཟང་། གང་བུ་རེར་ས་བོན5~6ཡོད་པ་དང་འབྲས་བུ་སྨིན་དུས་ས་བོན་ལྗང་ཁུ་ཡིན་ལ། འབྲུ་རྗོག་སྟོང་གི་ལྗིད་ཚད་ལ་ཁེ200ཡོད། འཁྲོད་ནུས་ཆེ་ཞིང་བཏྲ་བསྡུ་དུས་ཡུན་རིང་།

ཀི་ཁྲ། སྲན་ནག་སྐྱ་བོ།

སྡོང་རྐང་ཐུང་ཞིང་གཞུང་རྩ་དྲང་མོར་སྐྱེས་པ་དང་ཁོག་སྟོང་ཡིན། ས་བོན་སྒོར་དབྱིབས་དང་མདོག་ལྗང་སྐྱ་ཡིན་ལ། ཕྱི་ངོས་ཙུང་རགས་མོ་ཡིན་ཞིང་སྟེང་དུ་ཁམ་མདོག་གི་ཁྲ་ཐིག་ཡོད། འབྲུ་རྗོག་སྟོང་གི་ལྗིད་ཚད་ལ་ཁེ140ཙམ་ཡོད། དྲོད་ཚད20~25འོག་ཏུ་བཏབ་རྗེས་ཀྱི་ཉིན2ནང་དུ་སྨྱུ་གུ་སྐྱེ་ཐུབ་པ་དང་། སྨྱུ་གུ་སྐྱེས་ཤུགས་བཟང་བས་ཉིན10ཡི་རྗེས་སུ་ལི་སྨི15ཙམ་སྐྱེ་ཐུབ། ལོ་མ་སྙི་ཞིང་སོབ་ལ་སྦྲུས་ཀ་ཏ་ཅང་བཟང་། དྲོད་ཚད་ལ་འཁྲོད་ནུས་ཆེ་ཞིང་དྲོད་ཚད་མཐོ་དམའ་ཆ་རྐྱེན་གང་ཏུང་འོག་ཏུ་འདེབས་གསོ་བྱས་ཆོག སོན་རིགས་འདི་སྲན་ནག་སྨྱུ་གུ་ལེགས་བསྡུས་ཞིབ་གཉེར་ཅན་གྱི་ཐོན་སྐྱེད་བྱེད་པར་འཚམ།

ཉེར་གཅིག གྲུང་ལྷན་ཨང8པ།

སྡོང་རྐང་གི་མཐོ་ཚད་ལ་ལི་སྨི50ཙམ་ཡོད་པ་དང་གཞུང་རྩའི་ལོ་མའི་མདོག་ལྗང་སྐྱ་ཡིན། ཁྲ་ཐིག་གི་མདོག་དཀར་པོ་ཡིན་པ་དང་གང་བུ་སྲ་མོ་ཡིན་ལ། མེ་ཏོག་བཞད་པའི་དུས་ཡུན་གཅིག་བསྡུས་ཡིན། སོན་འབྲུའི་མདོག་སེར་སྐྱ་དང་སོན་པགས་འཇམ་ཞིང་ཧྲུམ་རིལ་གྱི་དབྱིབས་ཡིན། སྡོང་རྐང་གཅིག་གི་སྟེང་དུ་གང་བུ7~11བར་འདོགས་པ་དང་། གང་བུའི་རིང་ཚད་ལ་ལི་སྨི6~8དང་ཞེང་ལ་ལི་སྨི1.2 མཐུག་ཚད་ལ་ལི་སྨི1ཡོད། གང་བུ་རེར་ས་བོན5~7དང་སྲན་ནག་རྐམ་པོ་སྟོང་གི་ལྗིད་ཚད་ལ་ཏ་ལམ་ཁེ180ཡོད། སོ་སྲན་སོས་པ་སྟོང་གི་ལྗིད་ཚད་ལ་

ཁེ350ཡོད། སྦོ་སྣུན་གྱི་འབྲུ་རྫོག་ཐོན་ཚད་ནི47%ཡིན། སྤྱི་སྒྲིན་གྱི་སོན་རིགས་སུ་གཏོགས་པ་དང་། མུའུ་རེའི་སྦོ་སྣུན་ཐོན་ཚད་ལ་སྟོང་ཁེ400~500ཡིན། ཐན་པ་དང་གྲང་འགོག་ཐུབ། ཧ་པེ་དང་ཏུན་པེ། ནུབ་བྱང་ས་ཁུལ་བཅས་སུ་འདེབས་འཛུགས་བྱེད་པར་འཚམ་ཞིང་། སྣུན་ནག་སྔོན་པོ་དང་སྨུ་གུའི་སྦོ་ཚལ་བྱས་ཆོག་ཅིང་། འབྲུ་རིགས་དང་གཟན་ཆས་སུ་སྤྱད་ཀྱང་ཆོག

ལེའུ་གཉིས་པ། སྲན་ནག་རྫོ་ལས་འདེབས་གསོ་ལག་རྩལ།

ས་བཅད་དང་པོ། སྲན་ནག་འདེབས་གསོ་ལག་རྩལ།

གཅིག སྲན་ནག་འདེབས་གསོའི་གླང་བྱ།

(གཅིག) འདེབས་གསོའི་ལམ་ལུགས།

སྲན་ནག་བསྟུད་འདེབས་བྱེད་མི་རུང་། བསྟུད་འདེབས་བྱས་ན་སོག་ཤུལ་གྱི་སྲན་ནག་ལ་དུག་སྐྱོན་བསྐྱེད་པའི་ནུས་པ་ཐོན་པར་མ་ཟད། ནད་འབུའི་གནོད་འཚེ་ཇེ་ཆེར་འགྲོ་བའི་སྣང་ཚུལ་འབྱུང་། དེ་བས། སྲན་ནག་ནི་ལོ་ཏོག་གཞན་དང་རེས་འདེབས་བྱེད་པ་ཡིན། མེ་ཏོག་དཀར་པོའི་སོན་རིགས་ནི་མེ་ཏོག་སྨུག་པོའི་སོན་རིགས་དང་བསྡུར་ན་ལྷག་པར་དུ་བསྟུད་འདེབས་བྱེད་མི་རུང་ཞིང་། དེའི་རེས་འདེབས་ལོ་ཚད་ཀྱང་སྔུན་མ་ལས་རིང་བ་ཡིན། སྲན་ནག་ལོ་ཏོག་གཞན་པར་བསྲེས་འདེབས་དང་སྤོལ་འདེབས་བྱས་ཀྱང་ཆོག

(གཉིས) ས་ཞིང་གདམ་གསེས།

སྲན་ནག་འདེབས་གསོ་བྱེད་པར་ས་འདམ་གྱི་དགོས་མཁོ་ཆུང་དམའ་ཞིང་། སྦྱུ་གུ་གསོན་པ་དང་ལོ་ཏོག་སྐྱེ་བར་ཕན་ན་ཆོག དེ་བས། ས་རིམ་གཏིང་ཟབ་པ་དང་འདམ་སའི་ཚྭ་ཚད་ཆུང་ཡང་བ། ས་རྒྱུ་གཤིས་ཚད་འབྲིང་ཙམ་བཅས་ཀྱི་ས་ཞིང་ཚང་མའི་སྟེང་དུ་འདེབས་འཛུགས་བྱས་ཆོག

(གསུམ)ས་སོབ་དང་ལུད་རྒྱག

སོན་འདེབས་བྱས་རྗེས་ས་གཏིང་ཕྲུང་ཏུའི་ས་སོབ་པོར་ཐེངས་མང་བཏང་ནས་སའི་དྲོད་ཚད་ཇེ་མཐོར་བཏང་སྟེ་ཙ་བ་སྐྱེ་འཚར་ཡོང་བར་སྐྱུལ་འདེད་དང་། ལྗང་བུའི་སྐྱེ་འཚར་སྟོབས་ལྡན་དུ་གཏོང་དགོས། སྟོན་འདེབས་འདེབས་གསོ་བྱེད་ན་དགུན་མ་བརྒྱལ་གོང་དུ་ས་སྐྱོར་ཐེངས་གཅིག་རྒྱག་དགོས་པ་དང་། དགུན་བརྒྱལ་དུས་སུ་དྲོད་སྲུང་དང་འཁྱག་འགོག་བྱེད་དགོས། དཔྱིད་ཀ་སླེབས་རྗེས་དུས་ཐོག་ཏུ་ས་སོབ་བཟོ་བ་དང་རྩྭ་ལྷུམ་སེལ་ནས་ས་དྲོད་ཇེ་མཐོར་གཏོང་དགོས། སྲན་ནག་མེ་ཏོག་མ་བཞད་པའི་སྔོན་ལ། ཆུ་ཉུང་དུ་གཏོང་ཞོར་དུ་མྱུར་ཕན་ཏན་ལུད་བརྒྱབ་ནས་སྔོང་རྐང་གི་སྐྱེ་ཚད་ཇེ་མགྱོགས་སུ་གཏོང་བ་དང་ཁ་དབྲག་འབྱུང་བར་སྐྱུལ་འདེད་བཏང་ནས་ས་སོབ་བཞའ་སྲུང་བྱེད་དགོས། གཞུང་རྟའི་སྟེང་དུ་གང་བུ་ཐོགས་དུས་ཆུ་གཏོང་ཚད་ཉུང་ཇེ་ཆེར་གཏོང་དགོས་པར་མ་ཟད། ལིན་དང་ཏྲ་ལུད་ཀྱང་རྒྱག་དགོས། གང་བུ་འདོགས་ཚད་མཐོ་བའི་དུས་སུ་ས་རྒྱུའི་བརྟན་གཤེར་རྒྱུན་འཁྱོངས་བྱས་ནས། འབྲས་བུ་དང་གང་བུའི་འཚར་སྐྱེ་ལ་མགོ་བའི་བརྟན་གཤེར་ཁག་ཐེག་བྱེད་དགོས། གང་བུ་ཐོགས་པའི་དུས་མཇུག་ཏུ། སྲན་མའི་ལྗང་མྱུག་གི་རྣང་མ་བཀག་པས་ཆུ་གཏོང་ཚད་ཇེ་ཉུང་དུ་གཏོང་དགོས། འཁྲིལ་རྐང་གི་མཐོ་ཚད་ལ་ལི་སྨི30ཡོད་དུས་འདེགས་སྒྲོམ་འཛུགས་དགོས་ཤིང་། དུས་རིམ་བགོས་ནས་སྲན་ནག་བཟ་བསྒྱུ་བྱེད་པ་དང་། བཟ་བསྒྱུ་ཐེངས་རེ་བྱས་རྗེས་ལུད་ཐེངས1རྒྱག་དགོས།

(བཞི) ཆད་གསབ་ལུད་རྒྱག

མྱུ་གུ་བརྟོན་རྗེས་དུས་ཐོག་ཏུ་མྱུ་གུ་ལ་བརྟག་དཔྱད་བྱས་ནས་མི་འདང་བར་ཁ་གསབ་བྱེད་དགོས་པ་དང་། ཡུར་མ་ཡུར་ནས་རྩ་ལྷུམ་ཐེངས1~2ལ་སེལ་དགོས། ལྗང་མྱུག་བསྐྱར་དུ་འཛོག་པའི་དུས་སུ་ཁ་ལུད་རྒྱག་དགོས་པ་དང་། ལྷག་པར་དུ་

གཏིང་ལུད་བརྒྱབ་མེད་པའམ་ཉུང་ཙམ་བརྒྱབ་པའི་ཞིང་ཁར་ཕྱིར་བཏང་དུ་མུའུ་རེར་བསྲེས་སྦྱོར་ལུད་སྟོང་ཁི5~7.5དང་ཡང་ན་གཅིན་རྒྱ་སྟོང་ཁི5 ཡང་ན་རྡུལ་བསླལ་ལངས་པའི་མིའི་གཅིན་སྐྱག་ལུད་རྫས་སྟོང་ཁི1000རྒྱག་དགོས། གཞུང་རྐང་རིང་བའི་སོན་རིགས་ཡིན་ན་དཔྱིད་དུས་དྲོད་ཚད་ཇེ་མཐོར་ཕྱིན་པ་དང་སྟོང་རྐང་ཡར་བསྐྱིངས་པའི་དུས་སྐབས་སུ། ཡལ་རྩེ་ཡོད་པའི་སྨྱུག་མ་དང་ཁ་དབྲག་ཡོད་པའི་སྟོང་བོའི་ཡལ་ག(ལོ་མ་མེད་པར་བཟོ་བ)བར་ཕྲེང་དུ་བཙུགས་ནས། སྲན་ནག་སྟོང་པོ་འཁྲུད་ནས་སྐྱེ་འཚར་ཡོང་བར་སྟབས་བདེ་བཟོ་དགོས། སྲན་ནག་གསོག་ཆུ་ཐིག་མི་ཐུབ་པས་དཔྱིད་ཀའི་དུས་སུ་ཡུར་ཆུ་འབུད་པར་ཡིད་འཇོག་བྱེད་དགོས། མེ་ཏོག་བཞད་པ་དང་གང་བུ་ཐོགས་དུས་འཚོ་བཅུད་མཁོ་ཚད་མཐོ་བས། མུའུ་རེར་གཅིན་རྒྱ་སྟོང་ཁི7.5དང་སན་ཡོན་བསྲེས་སྦྱོར་ལུད་རྫས་སྟོང་ཁི5རྒྱག་དགོས། འབྲུ་རྫོག་སྨིན་པའི་དུས་སུ་གཅིན་རྒྱ10%དང་ལིན་སོན་ཨར་ཆིང་ཙྭ0.3%ཐེངས2ལ་སྣུག་གཏོར་དགོས།

(ལྔ) དུས་ཐོག་བཟའ་བསྡུ།

བཟའ་བྱའི་ལོངས་སྤྱོད་བྱེད་སྟངས་ལྟར་བཟའ་བསྡུའི་དུས་ཚོད་གཏན་ཁེལ་བྱེད་དགོས། ཕྱིར་བཏང་དུ་འབྲུ་རྫོག་ཏུ་སྤྱོད་པའི་སྲན་ནག་མེ་ཏོག་བཞད་རྗེས་ཀྱི་ཉིན15~18ལ་སོན་འབྲུ་སྨིན་པའི་དུས་སུ་བཟའ་བསྡུ་བྱེད་དགོས། སྲན་ནག་སྐམ་པོ70%~80%ཡི་གང་བུའི་སེར་པོར་འགྱུར་དུས་བཟའ་བསྡུ་བྱེད་དགོས། ཚལ་སྤྱོད་སྲན་ནག་མེ་ཏོག་བཞད་རྗེས་ཀྱི་ཉིན12~14གང་བུ་གསར་བའི་སོན་འབྲུའི་འབྲས་བུ་མ་སྨིན་པའི་སྐབས་སུ་བཟའ་བསྡུ་བྱེད་དགོས། སྲན་ནག་སྨྱུ་གུ་བཏབ་རྗེས་ཀྱི་ཉིན30ཡས་མས་སུ་སྨྱུ་གུའི་མཐོ་ཚད་ལི་སྨི18ཡོད་དུས་རྩེ་མོའི་ཡལ་ག་གསར་བ་བཟའ་བསྡུ་བྱེད་དགོས། གཟན་ཆས་སུ་སྤྱོད་པ་ཡིན་ན་མེ་ཏོག་རྒྱས་པའི་དུས་སུ་བཟའ་བསྡུ་བྱེད་དགོས། སྔོ་ལུད་སུ་སྤྱོད་པ་ཡིན་ན་གང་བུའི་འབྲས་བུ་བཟའ་བསྡུ་བྱས་རྗེས་

དུས་ཐོག་ཏུ་བསྐྱར་སྟོན་བྱེད་དགོས།

གཉིས། སྲན་ནག་འདེབས་གསོ་ལག་རྩལ།

(གཅིག) སོན་འདེབས་སྔོན་གྱི་གྲ་སྒྲིག

1. ས་ཞིང་ལེགས་སྒྲིག་ཞིབ་ཚགས་དང་ལུགས་མཐུན་རེས་འདེབས།

སྲན་ནག་འདེབས་པའི་སྔོན་ལ་ངོས་འཛམ་གྱིས་གཏིང་རྔོ་ཞིབ་འདེབས་དང་ས་རྒྱ་སོབ་སྒྱུར་བྱས་ན་རྩ་ལག་སྐྱེ་འཚར་ཡོང་བར་ཕན་པ་དང་། ལྷང་བུའི་སྐྱེ་སྟོབས་རྒྱས་པར་ཕན་ཐོགས་ཡོད། སྲན་ནག་བསྟུད་འདེབས་བྱེད་མི་རུང་། སྤྱིར་བཏང་དུ་རེས་འདེབས་དང་སྤོལ་འདེབས། བསྲེས་འདེབས་བྱེད་དགོས།

2. ས་རྒྱ་གཙང་སེལ།

སོན་འདེབས་མ་བྱས་པའི་སྔོན་ལ་སྨུལ་ལེ་ལིང་ཁེ100~150ནང་དུ་ཆུ་སྟོང་ཁེ30བསྲེས་ནས་ས་རྒྱ་ཐག་གཙོད་བྱེད་པ་དང་། ཡུག་པོ་འགོག་བཅོས་བྱེད་དགོས།

3. སོན་བཟང་འདེམས་སྒྲུབ།

མཚོ་སྔོན་ཞིང་ཆེན་གྱི་སྲན་ནག་ཐོན་སྐྱེད་བྱེད་དུས་ཁྱབ་སྤེལ་བྱེད་བཞིན་པའི་སོན་རིགས་གཙོ་བོ་ནི་རྩྭ་ཐང23དང་རྩྭ་ཐང24 ཨ་ཅི་ཁེ་སི་སོགས་ཡིན།

4. ལུགས་མཐུན་ལུད་རྒྱག

སྲན་ནག་ལ་གཏིང་ལུད་རྒྱག་རྒྱུ་གཙོ་བོར་བཟུང་ནས་སྐྱེ་ལྡན་ལུད་མང་དུ་རྒྱག་དགོས། སྤྱིར་བཏང་དུ་མུའུ་རེར་སྐྱེ་ལྡན་ལུད་སྨི་ཀྲ་དཔངས་གྲུ་བཞི1~2དང་གཅིན་རྒྱུ་སྟོང་ཁེ3 ཡིན་སོན་ཨར་ཆིང་ཨན་སྟོང་ཁེ6~8རྒྱག་དགོས།

(གཉིས) དུས་བསྟུན་སོན་འདེབས།

1. སོན་འདེབས་དུས་ཚོད་དང་བྱེད་ཐབས།

སྲན་ནག་ལྷང་སྨྱུག་དུས་སུ་གྲང་ངར་བཟོད་ཐུབ་པ་དང་། ས་བོན་སྨྱུ་གུ་འབུས་པ་དང་སྨྱུ་གུ་སྐྱེ་བར་མགོ་བའི་དྲོད་ཚད་ཅུང་དམའ་བས། གོ་སྐབས་བཟང་པོ་དམ་

འཛིན་བྱས་ཏེ་དུས་ཐོག་ཏུ་སྔ་འདེབས་བྱེད་དགོས། སྤྱིར་བཏང་དུ་ཁྲིན་ཆུ་ས་ཁུལ་དུ་ཟླ3པའི་ཟླ་དཀྱིལ་དང་། རི་ཐང་མཚམས་ཀྱི་ས་ཁུལ་དུ་ཟླ3པའི་ཟླ་དཀྱིལ་དང་ཟླ་སྨད། རི་གསེབ་ས་ཁུལ་དུ་ཟླ4པའི་ཟླ་སྟོད་དུ་འདེབས་འཛུགས་བྱས་ན་འཚམ། སྲན་ནག་འདེབས་སྟངས་ལ་རོལ་འདེབས་དང་ཕུར་འདེབས། གཏོར་འདེབས་བཅས་འདེབས་སྟངས་གསུམ་ཡོད།

2. ལུགས་མཐུན་མཐུག་འདེབས།

སྲན་ནག་སྤྱིར་བཏང་དུ་མུའུ་རེར་སོན་འདེབས་བྱེད་ཚད་སྟོང་ཁེ12~15དང་སོན་འདེབས་གཏིང་ཚད་ལི་སྨི5~8ཡིན། རོལ་འདེབས་ཀྱི་བར་ཐག་ལི་སྨི25~40དང་ཕུར་འདེབས་ཁུང་བུའི་བར་ཐག་ལི་སྨི10~20དང་། ཁུང་བུ་རེར་ས་བོན་འབྲུ་རྡོག2~4གཏོར་དགོས།

(གསུམ) ཞིང་ཁའི་དོ་དམ།

1. ཡུར་མ་ཡུར་བ་དང་རྩ་བར་ལུད་རྒྱག་པ།

སྲན་ནག་གི་ལྦང་བུའི་སྐྱེ་འཚར་ཅུང་དལ་བ་དང་ཁེབས་ཚད་ཆུང་བས་ཡུར་མ་ཡུར་ནས་རྩྭ་སྙིགས་མེད་པ་བཟོ་དགོས་པ་དང་། དུས་མཐུག་ཏུ་གཞུང་ཧ་དང་ལོ་མ་རྒྱས་ཏེ་སར་འགྱེལ་ནས་ཡུར་མ་ཡུར་དཀའ་བའི་སྣང་ཚུལ་འབྱུང་། མེ་ཏོག་བཞད་པ་དང་གང་བུ་ཐོགས་པའི་དུས་སུ་རྩ་བའི་ཕྱི་རུ་ཞིན་དང་ཚ་ལ། སྣན་སོགས་ཚད་ཅུང་གཞི་རྒྱུ་གཏོར་ན། ཐོན་ཚད་མངོན་གསལ་གྱིས་ཇེ་མཐོར་འགྲོ་བ་ཡིན། སྤྱིར་བཏང་དུ་མུའུ་རེར་གཅིན་རྒྱུ0.55%དང་ཚ་ལ་སྐྱུར0.1%མཉམ་བསྲེས་གཤེར་ཁུ་སྟོང་ཁེ50~75གཏོར་བ་དང་ཐེངས1~2གཏོར་དགོས། གང་བུ་ཐོགས་པ་དང་འབྲུ་རྡོག་སྨིན་པའི་དུས་སུ་སྐྱེ་དངོས་གནོད་འབུ་འགོག་བཅོས་དང་ཟླུང་འཕྲིལ་བྱས་ཏེ་མུའུ་རེར་ལེ་ཀུའོ་སྟོང་ཁེ0.15དང་ཕིན་སོན་སྟོང་ཁེ0.1 གཅིན་རྒྱུ་སྟོང་ཁེ0.5 ལིན་སོན་ཨར་ཆིང་ཐྭ་སྟོང་ཁེ0.1 ཆུ་སྟོང་ཁེ50མཉམ་བསྲེས་གཤེར་ཁུ་སྦྱིད

དེ་ལོ་མའི་ངོས་སུ་ཐེངས1~2གཏོར་བ་དང་། ཉིན8~10ཐེངས་གཅིག་རེར་གཏོར་དགོས།

2. ནད་དང་འབུའི་གནོད་འཚེ་འགོག་བཅོས་ལ་ཤུགས་སྣོན།

སྲན་ནག་གི་ནད་ཀྱི་གནོད་པ་གཙོ་བོར་བཙའ་ནད་དང་ཕྱི་དཀར་ནད། ཁམ་ཁྲའི་ནད། རྩ་བ་རུལ་ནད་སོགས་ཡོད། འབུའི་གནོད་འཚེ་ལ་གཙོ་བོར་སྐྱི་དངོས་གནོད་འབུ་དང་ལོ་མའི་སྦྲང་ནག སྲན་མའི་གནོད་འབུ་སོགས་ཡོད།

འགོག་བཅོས་བྱེད་ཐབས། གཅིག་ནི་ནད་འགོས་དཀའ་བའི་སོན་རིགས་འདེམ་དགོས། གཉིས་ནི་སྨན་རྫས་ཀྱིས་འགོག་བཅོས་བྱེད་དགོས། མུའུ་རེ་ལ50%ཏུའོ་ཇུན་ཤིང་གི་བརླན་གཤེར་རང་བཞིན་གྱི་སྨན་ཕྱེ་སྟོང་ཁེ0.15བཀོལ་ནས་ཆུ་སྟོང་ཁེ20~30བསྲེས་ཏེ། ཞིང་ཁར་སྨན་གཏོར་ནས་འགོག་བཅོས་ཐེངས2~3བྱས་ན་བཙའ་ནད་མཆེད་པར་ཚོད་འཛིན་བྱེད་ཐུབ། མྱུ་གུ་ལ་ལོ་མའི་སྦྲང་ནག་གིས་གནོད་པ་ཐེབས་ན། དབྱང་འགྱུར་ལེ་ཀུའོ40%དང་པི་ཁྲུང་ཤིན་དང་ཨ་ཕེ་ཇུན་སུའུ་པའི་ཡིས600ཡི་གཤེར་ཁུ་ཅ་ཕེ་ཡན་སོགས་ཀྱིས་འབུ་ཕྲུག་གི་དུས་སུ་ཐེངས1~2གཏོར་བ་དང་། སྤྱིར་བཏང་དུ་ཟླ་དྲུའི་ཚེས་ཚོད8པ་ནས11པའི་བར་གཏོར་དགོས། འབུ་ཕྲུག་འབུ་ལམ་ནས་ཕྱིར་ཐོན་དུས་སྨན་གྱི་ཕན་འབྲས་བཟང་བ་མཐོན། སྐྱི་དངོས་འགོག་བཅོས་ཀྱིས་སྦྲང་ཆུང་དང་འབུ་སྦྲང་སོགས་སློད་འགྲོལ་གཏོང་ཐུབ།

(བཞི) དུས་ཐོག་བཟ་བསྡུ།

སྤྱིར་བཏང་དུ80%ཡན་གྱི་སྲན་ནག་གི་གང་བུ་སྨིན་དུས་བཟ་བསྡུ་བྱས་ན་ལེགས། གང་བུ་གས་སླ་བའི་སྲན་ནག་གི་རིགས་ཡིན་ན། སྟོང་རྐང་གི་སྲན་ནག་གང་བུའི75%~80%སྨིན་རྗེས་བཟ་བསྡུ་འོས་འཚམ་གྱི་དུས་ཡིན་ལ། བཟ་བསྡུའི་དུས་ཚོད་ནི་ཞོགས་པའི་ཟིལ་པ་མ་སྐམ་པའི་དུས་སུ་སྤེལ་དགོས་པ་དང་། བཟ་བསྡུ་བྱས་རྗེས་དུས་ཐོག་ཏུ་འབྲུ་འདོན་དགོས།

ས་བཅད་གཉིས་པ། ཞིང་ཆེ(མཐོངས་ཡངས)སྲན་ནག་འདེབས་གསོའི་ལག་རྩལ།

གཅིག རིམ་འདེབས།

རིམ་འདེབས་ལུགས་མཐུན་བྱས་ན་སྲན་ནག་གི་ཐོན་ཚད་དང་སྤུས་ཀ་ཇེ་ལེགས་སུ་གཏོང་ཐུབ་པར་མ་ཟད། ས་རྒྱུའི་གྲུབ་ཚུལ་དང་ས་རྒྱུའི་གཤིན་ཚད་ཇེ་ལེགས་སུ་གཏོང་ཐུབ་པས། སོག་ཤུལ་རྗེས་མའི་ལོ་ཏོག་ལ་ས་རྒྱུའི་ཁོར་ཡུག་བཟང་པོ་ཞིག་བསྐྲུན་ཞིང་ཐོན་ཚད་དང་སྤུས་ཚད་ཇེ་མཐོར་གཏོང་བར་ཕན་ཐོགས་ཡོད། སྲན་ནག་ནི་བསྟུད་འདེབས་བྱེད་མི་རུང་བའི་ལོ་ཏོག་ཡིན་ལ། དེར་རྒྱུ་མཚན་གསུམ་ཡོད་དེ། གཅིག་ནི་སྲན་ནག་རྩ་བས་དུག་ལྡན་དངོས་རྫས་ཟགས་ཐོན་བྱེད་པ་དང་། གཉིས་ནི་སྲན་ནག་གི་རྩ་བས་ཟགས་ཐོན་བྱས་པའི་སྐྱེ་ལྡན་སྐྱུར་མང་དྲགས་ཏེ་རྩ་བའི་སྐྲན་འབུ་ཕྲ་སྐྱེ་འཚར་ལ་གནོད་པ། གསུམ་ནི་བསྟུད་འདེབས་ཞིང་ནང་གི་ས་བོན་དང་སྦུ་གུའི་སྟེང་དུ་ས་རྒྱུའི་ནང་དུ་གསོག་འཇོག་བྱས་པའི་ཤིང་ཏོག་སྦྱིན་དབྱེ་འབྱེད་འབུ་ཕྲ་དང་སྐྲུད་འབུ་འགོས་སླ་བས་ཡིན། སྲན་ནག་བསྟུད་འདེབས་དང་རིམ་འདེབས་དུས་འཁོར་ཐུང་ཐུང་བའི་སྐབས་སུ་ནད་འབུའི་གནོད་འཚེ་འབྱུང་སླ་བ་དང་ཐོན་ཚད་ཇེ་དམའ་རུ་འགྲོ་ལ། སྤུས་ཚད་ཇེ་དམའ་རུ་འགྲོ་བ་ཡིན། ཕྱིར་བཏང་དུ་སྲན་ནག་བསྟུད་འདེབས་ཀྱི་མུའུ་རེའི་ཐོན་ཚད་ཀྲུང་བ་སྟོང་ཁ200~300ཡིན། བསྟུད་འདེབས་ལོ་གཉིས་པ་དང་ལོ་གསུམ་པ། ལོ་བཞི་པ་བཅས་ཀྱི་ཐོན་ཚད་སོ་སོར་སྟོང་ཁ98~147(ཐོན་ཚད་ཇེ་དམའ51%) དང་སྟོང་ཁ24~36(ཐོན་ཚད་ཇེ་དམའ88%) སྟོང་ཁ16~24(ཐོན་ཚད་ཇེ་དམའ92%) བཅས་ཇེ་ཉུང་དུ་འགྲོ་བཞིན་ཡོད། གནས་འཕྲིན་ལྟར་ན། མེ་ཏོག་དཀར་པོའི་སྲན་ནག

ནི་མི་ཏོག་དམར་སྨུག་གི་སྨན་ནག་དང་བསྟུར་ན་བསྟུད་འདེབས་བྱེད་མི་རུང་ཞིང་། ཞིང་བའི་གཏམ་དཔེར"མི་ཏོག་དཀར་པོའི་སྨན་ནག་ལོ་རེའི་རྗེས་ནས་འདེབས་པ་དང་། མི་ཏོག་དམར་སྨུག་སྨན་ནག་བསྟུད་འདེབས་བྱེད་པར་འཛེམ་དགོས"ཞེས་པའི་གནས་ལུགས་འདི་བཞིན་ཡིན། སྤྱིར་བཏང་དུ་གྲོའི་རིགས་དང་ཞོག་ཁོག་གི་རིགས། སྐྱམ་རྒྱ། སྔོ་ཚལ་བཅས་དང་རེས་འདེབས་བྱེད་པ་དང་། ས་བབ་འབྲིང་རིམ་གྱི་རི་ཐང་མཚམས་སུ་ལོ་གསུམ་རེའི་ཡན་ལ་རེས་འདེབས་བྱེད་པ་དང་། ས་བབ་མཐོ་རིམ་གྱི་རི་ཐང་མཚམས་སུ་ལོ་བཞི་རེའི་ཡན་ལ་རེས་འདེབས་བྱེད་དགོས།

གཉིས། ས་རྒྱུ་སྔོ་འདེབས།

ས་རྒྱུ་སྔོ་འདེབས་ནི་སྨན་ནག་རྩ་ལག་དང་རྩ་རྫོག་སྐྱེ་འཚར་ཡོང་བར་འཚམ་པའི་ས་རྒྱུའི་ཁོར་ཡུག་རྒྱུན་འཁྱོངས་བྱེད་པ་དང་། དེའི་ནང་སློག་སྔོས་དང་ཤལ་རྒྱག་པ། ས་ཁོད་སྙོམས་པ་སོགས་ཚུད་ཡོད། སོག་ཤུལ་སྟོན་མའི་ལོ་ཏོག་མ་བསྡུས་གོང་ལ་སྟོན་སྔོད་བྱས་ན། ས་རྒྱུ་བསྐལ་བ་དང་ཆར་ཆུ་སྡུད་ལེན་བྱེད་པ། སྟོན་ཆར་བབས་རྗེས་དུས་ཐོག་ཏུ་ཤལ་བརྒྱབ་ནས་བཞའ་སྲུང་བྱེད་ཅིང་། ས་རིམ་སོབ་པོར་འགྱུར་བ་དང་ཆུ་དང་ལུད་སྲུང་བ། རྩ་བ་བརྟན་པོར་ཚུགས་པར་ཕན་པ་དང་། རྩ་བའི་སྨན་འབུའི་གསོན་ཤུགས་ཆེ་རུ་གཏོང་ཐུབ།

གསུམ། ལུད་རྒྱག་པ།

(གཅིག) སྐྱེ་ལྡན་ལུད།

སྐྱེ་ལྡན་ལུད་ཀྱིས་རྒྱུན་ཆད་མེད་པར་འཚོ་བཅུད་མཁོ་འདོན་བྱེད་ཐུབ་པར་མ་ཟད། ད་དུང་ས་རྒྱུའི་གྲུབ་ཆ་ལེགས་བཅོས་བྱེད་ཐུབ་པ་དང་། ས་རྒྱུའི་ཆུ་སྲུང་རང་བཞིན་དང་དབུགས་གཏོང་གནས་ཚུལ་ཇེ་ལེགས་སུ་གཏོང་ཐུབ། རྩ་བ་སྐྱེ་འཚར་ཡོང་བར་སྐུལ་འདེད་གཏོང་བ་དང་། རྩ་བའི་སྨན་འབུའི་གསོན་ཤུགས་ཇེ་ཆེར་

གཏོང་ཐུབ། མུའུ་རེའི་ཐོན་ཚད་སྟོང་ཁི450ཡན་ཟིན་པའི་ཐོན་མཐོའི་ཞིང་ཁར་སྤྱིར་བཏང་དུ་མུའུ་རེར་སྐྱེ་ལྷན་ལུད་སྟོང་ཁི3000~4500རྒྱག་དགོས། མུའུ་རེའི་ཐོན་ཚད་སྟོང་ཁི150~250ཟིན་པའི་ཐོན་འབྲིང་ཞིང་ཁར་སྤྱིར་བཏང་དུ་མུའུ་རེར་སྐྱེ་ལྷན་ལུད་སྟོང་ཁི1500~3000རྒྱག་དགོས།

(གཉིས) ཧན་ལུད།

ཙ་བའི་སྨན་འབུ་ཡིས་གཏན་འཛུགས་བྱས་པའི་ཧན་རྒྱུ་སྨན་ནག་སྐྱེ་འཚར་དུས་ཡུན་རིང་པོར་མགོ་བའི་ཧན་རྒྱུའི་སྤྱི་གྲངས་ཀྱི60%~70%སྐོང་ཐུབ་པ་དང་། གཞན་པའི་ཧན་རྒྱུ30%~40%ས་རྒྱུ་ཁྲོད་དུ་བསྡུ་ལེན་བྱེད་ཐུབ་པས། སྦྱུ་གུར་སྤྱོད་པའི་སྨན་ནག་ལ་ཆུ་གཏོང་བ་དང་ཟུང་འབྲེལ་བྱས་ཏེ་ཧན་ལུད་མང་ཙམ་བརྒྱབ་ནས་ལོ་ལྗང་གསར་བ་རྒྱུན་འཁྱོངས་བྱེད་པ་ལས་གཞན། འབྲུ་རྣོག་སྤྱོད་པ་དང་གང་བུར་སྤྱོད་པའི་སྨན་ནག་ལ་ཧན་ལུད་མང་པོ་རྒྱག་མི་དགོས།

ཧན་ནི་སྤྱིར་བཏང་དུ་གཏིང་ལུད་དང་སོན་ལུད་དུ་རྒྱག་དགོས་ཤིང་། ས་རྒྱུ་གཤིན་ཚད་འབྲིང་ཙམ་གྱི་ས་ཞིང་དུ་མུའུ་རེར་ཧན་ལྷད་མེད་སྟོང་ཁི1~2རྒྱག་དགོས། སྦྱུ་གུ་ཐོན་པའི་དུས་དང་མེ་ཏོག་ཐོག་མ་བཞད་པའི་དུས། མེ་ཏོག་མཐའ་མ་བཞད་པའི་དུས། འབྲས་བུ་སྨིན་པའི་དུས་གསུམ་པོར་སོ་སོར་ཧན་སྟོང་ཁི0.4~0.8དང་མུའུ་རེར་སྟོང་ཁི0.59~1.18 མུའུ་རེར་སྟོང་ཁི0.01~0.02རྒྱག་དགོས། ས་རྒྱུ་གཤིན་ཚད་འབྲིང་བའམ་ཡན་གྱི་ས་ཞིང་ལ་སྤྱིར་བཏང་དུ་ཧན་ལུད་མི་རྒྱག་པ་དང་། དེ་མིན་ཙ་བའི་སྨན་འབུའི་ཧན་བརྟན་ནུས་པར་ཤུགས་རྐྱེན་ཐེབས་ནས་སྔོ་རིང་སྨིན་འཕྱིའི་སྣང་ཚུལ་འབྱུང་བ་ཡིན། ཧན་མི་འདང་བའི་ནད་རྟགས་མངོན་སྐྱངས་ནི་ཙ་ལག་དང་ས་ངོས་ཀྱི་སྐྱེ་འཚར་ལ་ཚོད་འཛིན་ཐེབས་ནས། སྡོང་རྐང་ཐུང་བ་དང་དྲང་མོར་ལངས་ཤིང་སྐམ་པ། ལོ་མ་ཆུང་ཞིང་སེར་པ། མེ་ཏོག་ཆུང་བ། ལོ་མ་སྔ་མོ་ནས་སྐྱི་བར་གྱུར་ནས་འོག་རིམ་ནས་གོང་ཕྱོགས་སུ་འཕེལ་ཏེ་སར་

སྐྱུང་བ་ཡིན།

(གསུམ) ཞིན་ལུད།

ཞིན་ནི་སྤྱིར་བཏང་དུ་གཏིང་ལུད་བྱེད་པ་དང་སྐྱེ་ལྡན་ལུད་བསྲེས་ནས་སྤྱོད་དགོས། ལག་པས་ཤུད་སྐབས་གཅིག་སྟུད་ཀྱིས་ཐོང་གཡོལ་འཛུག་པ་དང་བཤུར་འདེབས་བྱས་ན། ལུད་གྲོན་ཆུང་བྱེད་ཅིང་ཐོན་ཚད་འཕར་བ་ཡིན། རོལ་འདེབས་འཕྲུལ་འཁོར་གྱིས་འདེབས་སྐབས། ཞིན་ལུད་དང་ས་བོན་བསྲེས་མ་སློམས་པོ་བྱས་ནས་སོན་ལུད་དུ་འཛུག་དགོས། མུའུ་རེར་སྟོང་ཁེ4~6ཚད་གཞིར་བཟུང་ནས་རྒྱག་དགོས། སྨྱུ་གུ་ཐོན་པའི་དུས་དང་མེ་ཏོག་ཐོག་མ་བཞད་པའི་དུས། མེ་ཏོག་མཐའ་མ་བཞད་པའི་དུས། འབྲས་བུ་སྨིན་པའི་དུས་གསུམ་པོར་སོ་སོར་ཞིན་ལུད་མུའུ་རེ་སྟོང་ཁེ1.2~1.8དང་མུའུ་རེར་སྟོང་ཁེ1.44~2.16 མུའུ་རེར་སྟོང་ཁེ1.36~2.04བཅས་དགོས།

ཞིན་ལུད་བརྒྱབ་ན་སྨྱུ་གུའི་དུས་ཀྱི་སྡོང་ཕང་ཇེ་མཐོ་དང་རྩ་རྫོག་གི་གྲངས་ཀ་ཇེ་མང་དུ་གཏོང་ཞིང་། ས་དོས་ཀྱི་སོས་པའི་ལྗིད་ཚད་དང་སྐམ་པོའི་ལྗིད་ཚད་ཇེ་མཐོར་གཏོང་བ་ཡིན། དེ་བས། ཞིན་ལུད་ཀྱིས་སྲན་ནག་སྐྱེ་དངོས་ཀྱི་ཐོན་ཚད་དང་འབྲུ་སྐམ་གྱི་ཐོན་ཚད་ཇེ་མཐོར་གཏོང་ཐུབ། ཞིན་མི་འདང་བའི་ནད་རྟགས་མངོན་ཚུལ་ནི་ལོ་མ་སེ་སྐྱ་ལྗང་མདོག་ཡིན་པ་དང་འོད་མདངས་མེད་པ། སྡ་མོ་ནས་སྐམ་པ། སྡོང་ཕང་ཐུང་བ། མེ་ཏོག་ཉུང་བ། འབྲས་བུ་སྨིན་འཕྱི་བ། ཤིང་འབྲས་གྲུབ་པ་དང་ས་བོན་གྱི་ཁྱུ་བ་འདྲེན་པར་གནོད་པ་ཡོད།

(བཞི) ཙྭ་ལུད།

ཙྭ་ལུད་ནི་གཏིང་ལུད་བྱེད་ཅིང་། སྐྱེ་ལྡན་ལུད་དང་ཞིན་ལུད་དང་མཉམ་དུ་རྒྱག་དགོས། སྤྱོད་ཚད་མུའུ་རེར་ཕན་ནུས་ལྡན་པའི་གྲུབ་ཆ་སྟོང་ཁེ1.3~2རྒྱག་དགོས། སྨྱུ་གུ་ཐོན་པའི་དུས་དང་མེ་ཏོག་ཐོག་མ་བཞད་པའི་དུས། མེ་ཏོག་མཐའ་མ་བཞད་པའི་དུས། འབྲས་བུ་སྨིན་པའི་དུས་གསུམ་པོར་སོ་སོར་མུའུ་རེར་སྟོང་

ཁེ0.78~1.2དང་མུའུ་རེར་སྟོང་ཁེ0.3~0.46 མུའུ་རེར་སྟོང་ཁེ0.22~0.34བཅས་སོ་སོར་རྒྱག་དགོས། ཙྪ་ལུད་ལ་སྔོང་པོ་འཁྱིལ་བ་འགོག་པ་དང་སྔོང་ཀང་ཐན་འགོག་ནུས་པ་ཇེ་མཐོར་གཏོང་བའི་ནུས་པ་ཡོད། ཙྪ་མི་འདང་བའི་ནད་རྟགས་མངོན་ཚུལ་ནི་སྔོང་ཀང་ཐུང་བ་དང་ཚིགས་བར་ཇེ་ཐུང་དུ་འགྲོ་བ། ལོ་མའི་མཐའི་ལྗང་མདོག་ཤོར་བ། ལོ་མ་རྙིང་བའི་མདོག་ཁམ་ནག་ཏུ་གྱུར་ནས་རྐམ་ཤི་ཏུ་འགྲོ་བ་དང་། ལོ་མ་འཁྱིལ་བ་བཅས་ཡིན།

(ལྔ) ཀ་ལ་ལུད།

སྨན་ནག་གིས་ཏན་དང་ལེན། ཙྪ་ལུད་ལས་གཞན་ད་དུང་ཀ་ལ་ལུད་མང་པོ་སྤུད་ལེན་བྱེད། བྱང་ཕྱོགས་ཀྱི་ས་རྒྱུའི་ཁྲོད་དུ་ཀ་ལ་རྒྱུ་མང་པོ་འདུས་པས་ཀ་ལ་ལུད་རྒྱག་མི་དགོས། ཀ་ལ་ལུད་ཀྱིས་ས་རྒྱུའི་སྐྱུར་གཤིས་ཇེ་དམའ་རུ་གཏོང་ཐུབ་ལ། རྩ་བའི་སྨན་འབུ་སྐྱེ་བར་ཕན་པ་ཡོད། ཀ་ལ་མི་འདང་བའི་ནད་རྟགས་མངོན་ཚུལ་ནི་ལོ་མའི་རྩ་རིས་ཉེ་འགྲམ་དུ་རྫིབ་ངོས་ཆུང་དུ་དམར་མདོག་ཅན་འབྱུང་བ་དང་། ཕྱི་རུ་འཕེལ་རྒྱས་བྱུང་ནས་ལོ་མ་ཡོངས་ལ་འགོ་ཞིང་། སྔོང་ཀང་གི་སྐྱེ་འཚར་ཞན་པ། གཞུང་རྩ་ཆུང་ངུ་དང་མེ་ཏོག་གི་ཕུ་བ། ལོ་མའི་ཕུང་གྲུབ་རྐམ་པ། རྩ་རྫོག་གི་སྐྱེ་འཚར་ལ་མི་ཕན་པ། འབྲུ་རྫོག་གི་སྤུས་ཚད་ཞན་པ་བཅས་ཡིན། ཀ་ལ་མང་དྲགས་ན་ཤུན་པགས་མཐུག་དྲགས་ནས“རྫོ་སྨན”དང“སྨན་ནག་ཁྲིགས་པོ”འབྱུང་སྲིད།

བཞི། སོན་འདེབས།

(གཅིག) ས་བོན་འདེམ་པ།

རིགས་རྒྱུད་གསར་བ་འདེམ་སྦྱོད་བྱེད་པ་ནི་ཐོན་འཕར་ཡོང་བའི་བྱེད་ཐབས་གཙོ་བོ་ཞིག་ཡིན། སོན་རིགས་གསར་པ་ཉོ་བ་དང་བརྗེ་བའི་སྐབས་སུ་ངེས་པར་དུ་སོན་རིགས་གསར་བའི་འབྱུང་ཁུངས་དང་འཁྲིད་འཚམ་ཁྱབ་ཁོངས། ཐོན་ཚད་

སོགས་ཀྱི་གནས་ཚུལ་ལ་རྒྱུས་ལོན་བྱེད་དགོས་པ་དང་། གཞན་ད་དུང་ས་བོན་གྱི་ཐོན་སྐྱེད་དུས་ཚོད་དང་ཆུ་འདུས་ཚད། སྨྱུ་གུ་ཐོན་ཚད། ཐོན་སྐྱེད་ལས་ཁུངས། གོ་ཆོད་པའི་དུས་ཚོད་སོགས་ལ་ངོ་སྤྲོད་བྱེད་དགོས། ས་བོན་མ་བཏབ་གོང་གི་ཉིན2~3ལ་སོན་འབྲུ་སྐམ་པ་དང་། འདེམས་པ་དང་འཐུ་བའི་ལས་དོན་གཙོ་བོར་བཟུང་ནས། ཆུང་བ་དང་ལྷུག་མ། ཆག་གྲུམ་དུ་སོང་བ། ཏུལ་སྨྱུགས་སོགས་ཀྱི་སོན་འབྲུ་གཙང་སེལ་བྱེད་དགོས་ལ། ཚྭ་སྟོང་ཁེ1.5ཡི་ནང་ཚུན་ཆུ་སྟོང་ཁེ5བསྲེས་ནས་གྲ་སྒྲིག་བྱས་པའི་ས་བོན་སྤང་ནས་ནས། གནོད་འབུ་དང་ཧམ་ཏུལ་ཐེབས་པའི་ས་བོན་སེལ་དགོས། ས་བོན་འབྲིང་བ་དང་ཆེ་བ་འདེམ་དགོས། ལྷག་པར་ཚལ་སྤྱོད་སྲན་ནག་གི་ས་བོན་མ་བཟང་ན་སོན་པགས་གས་ཚད་མཐོ་བ་དང་སྨྱུ་གུ་སྐྱེ་ཚད། སྨྱུ་གུ་རྒྱས་ཚད་སོགས་སྤྱི་བཏང་གི་སྲན་ནག་ལས་དམའ། ཚོད་ལྟས་བདེན་དཔང་བྱས་པ་ལྟར་ན། སོན་རིགས་གཅིག་མཚུངས་ཀྱི་གྲུབ་ཆ་གསུམ་གྱི་འབྲུ་ཇོག་བརྒྱའི་ལྗིད་ཚད་སོ་སོར་ཁེ338དང་ཁེ273 ཁེ216ཡིན་པའི་ས་བོན་གྱི་སྨྱུ་གུ་འབུས་ཚད་ནི92%དང88% 85%བཅས་ཡིན། དེ་བས། སོན་འདེབས་མ་བྱས་གོང་ལ་སོན་འབྲུ་ཆ་སྙོམས་པ་དང་རྒྱས་པ། སོན་པགས་སྐྱོན་མེད་བཅས་ཀྱི་ས་བོན་འདེམས་ནས་སོན་འདེབས་བྱས་ན་ལེགས།

(གཉིས) ས་བོན་འདེབས་པའི་དུས་ཚོད།

སྲན་ནག་གིས་དྲོད་ཚད་དམའ་མོ་ཐེག་ཐུབ་པས། ལྗང་སྨྱུག་སད་འཁྲུག་གི་འགྱུར་འབྱུང་ཆུང་བས། དུས་དང་བསྟུན་ནས་སྔ་འདེབས་བྱེད་དགོས་པ་དང་། ལྷག་པར་དུ་རི་ཐང་མཚམས་ཀྱི་ས་ཁུལ་དུ་སྔ་འདེབས་བྱས་ན་ས་རྒྱུའི་ནང་གི་ཆུ་སྣོད་ལེན་གང་ལེགས་བྱེད་ཐུབ་པ་དང་། སྨྱུ་གུ་སྔ་མོ་ནས་ཐོན་ཐུབ་ཅིང་། བདེ་བླག་ངང་དྲོད་ཚད་དམའ་བའི་དཔྱིད་ཀའི་དུས་རིམ་བརྒྱུད་དེ་འཚོ་བཅུད་སྐྱེ་འཚར་དུས་ཡུན་ཧ་རིང་དུ་བཏང་ནས་ལོ་ལེགས་ཡོང་བར་རྨང་གཞི་འདིང་དགོས། རི་ཐང་

མཚམས་ཀྱི་ས་ཁུལ་དུ་ཟླ3པའི་ཟླ་མཇུག་ནས་ཟླ4པའི་ཟླ་སྟོད་དུ་སོན་འདེབས་བྱེད་པ་དང་། རི་གསེབ་ས་ཁུལ་དུ་ཟླ4པའི་ཟླ་དཀྱིལ་དང་ཟླ་སྟོད་དུ་སོན་འདེབས་བྱེད་དགོས།

(གསུམ) སོན་འདེབས་བྱེད་ཐབས།

"སྨན་མ་སྐམ་འདེབས་དང་གྲོ་རྗེན་འདེབས"ཞེས་པ་ལྟར་དུ། ས་རྗེན་དྲག་པའི་སྐབས་སུ་སྨན་ནག་ས་བོན་གྱིས་ཆུ་མང་པོ་འཇིབ་ནས་ཏུལ་སྣ་བས་སྨྱུ་གུའི་སྐྱེ་འཚར་ལ་གནོད་པ་ཡིན།

སོན་འདེབས་བྱེད་པའི་སྐབས་སུ་གཏོར་འདེབས(མཚིལ་ལྷང་མང་ལ་མི་འཕེལ་བ། སྨྱུ་གུ་ཐོན་པར་གནོད་པར་མ་ཟད། ས་བོན་འགྲོ་བརླག་ཏུ་གཏོང་བ) ཁུང་འདེབས་དང་ལག་འདེབས་སུ་སྒྱུར་དགོས་ཤིང་། ཆ་རྐྱེན་འཛོམས་པའི་ས་ཁུལ་དུ་རོལ་འདེབས་བྱེད་དགོས། འདི་ལྟར་བྱས་ན་ས་འགེབས་པ་དང་མཐུག་ཚད་གཅིག་གྱུར། ས་བོན་སྐྱོམས་པོ། སྨྱུ་གུ་ཐོན་པ། ས་བོན་གྲོན་ཆུང་། ཡུར་མ་ཡུར་ན་སླབས་བདེ་བཅས་ཡིན།

(བཞི) སོན་འདེབས་གཏིང་ཚད།

ཚད་གཞིར་ལི་སྨི5~7འཛིན་དགོས་པ་དང་། རི་ཐང་ས་བབ་དམའ་འབྲིང་དུ་གཏིང་ཚད་ཅུང་ཟབ་དགོས་ཤིང་། དཔྱིད་དུས་ཐན་པ་ཚབས་ཆེ་བའི་དུས་སུ་ས་བོན་གྱིས་ས་རྒྱུའི་གཏིང་རིམ་ས་ཆུ་སྤུད་ལེན་གང་ལེགས་བྱས་ན་སྔ་མོ་སྦྲོས་པ་དང་སྔ་མོ་ནས་སྨྱུ་གུ་འབུས་པ་ཡིན།

(ལྔ) སོན་འདེབས་བྱེད་ཚད།

འབྲུ་རྗོག་ཏུ་སྤྱོད་པ་དང་སྨྱུ་གུར་སྤྱོད་པའི་སོན་རིགས་ཀྱི་སོན་འདེབས་བྱེད་ཚད་མུའུ་རེར་སྟོང་ཁ15དང་། མུའུ་རེར་ལྷང་རྐང་ཁྲི5~ཁྲི6སྲུང་སྐྱོང་བྱེད་ཅིང་། སྐར་ཐྲེང་ལི་སྨི25~35ཡིན། གང་བྱུར་སྤྱོད་པའི་སོན་རིགས་སོན་འདེབས་བྱེད་

ཚད་མུའུ་རེར་སྟོང་ཁེ4~8ཡིན་པ་དང་མུའུ་རེར་ལྷང་རྐང་ཁྲི2~ཁྲི2.5སྲུང་སྐྱོང་བྱེད།

ལྔ། ཞིང་ཁའི་དོ་དམ།

ཞིང་ཁའི་དོ་དམ་ལ་ཡུར་མ་ཡུར་ནས་རྩྭ་ལྷམ་སེལ་བ་དང་སྦྲོམ་གཞི་བཟོ་བ། ཞིང་ཆུ་འདྲེན་པ། ལུད་རྒྱག་པ་སོགས་ཀྱི་བྱེད་ཐབས་ཚུད་ཡོད།

ཡུར་མ་ཡུར་བ་དང་རྩྭ་ལྷམ་སེལ་བར་མྱུ་གུའི་དུས་སུ་ཐེངས1~2དང་ལྷང་མྱུག་མཐོ་ཚད་ལི་སྨི5~7(མེ་ཏོག་བར་ལ་སྐྱེས་པའི་ལོ་མ་ལེབ་མོ3~4)ཡོད་དུས་ཐོག་མའི་རྩྭ་ལྷམ་མེད་པར་བཟོ་དགོས། ས་སོབ་སོབ་ཡིན་པ་དང་ལྷང་མྱུག་མཐོ་ཚད་ལི་སྨི10~13(མེ་ཏོག་བར་ལ་སྐྱེས་པའི་ལོ་མ་ལེབ་མོ7~8)ཡོད་དུས་རྩྭ་ལྷམ་ཐེངས་གཉིས་པར་སེལ་དགོས་ཤིང་ཡུར་མ་ཡུར་བ་གཙོ་བོ་ཡིན། ཡུར་མ་ཡུར་ན་རྩྭ་ལྷམ་མེད་པར་བཟོ་བ་དང་ས་རྒྱུ་སོབ་པོར་འགྱུར་བར་ཕན་པས། སྟོང་རྐང་གི་སྐྱེ་འཚར་དང་རྩ་དོག་སྐྱེ་བར་ས་རྒྱུའི་ཁོར་ཡུག་ལེགས་པོ་ཞིག་བསྐྲུན་ཐུབ།

གང་བུར་སྦྱོད་པའི་སོན་རིགས་ཡིན་ན་མྱུ་གུའི་མཐོ་ཚད་ལི་སྨི30~40ཡོད་དུས་སྦྲོམ་གཞི་འཛུགས་དགོས་ཤིང་། སྣང་མ་བཟོས་ཏེ་འདེབས་འཛུགས་བྱེད་པའི་སྣང་མ་རེ་རེ“人”དབྱིབས་བཟོས་ནས་སྦྲོམ་གཞི་འཛུགས་པ་དང་། སྣང་མ་བཞག་ནས་ཆུ་ཡུར་བཟོ་བ་དང་འགྲོ་ལམ་བྱེད་དགོས། སྣང་མ་མེད་ཅིང་ཕྲེང་བར་ཡངས་དོག་ཏུ་འདེབས་འཛུགས་བྱེད་པར་སྣང་མ་གཉིས་རེའི་བར་དུ“人”དབྱིབས་བཟོས་ནས་སྦྲོམ་གཞི་འཛུགས་པ་དང་། སྣང་མ་བཞག་ནས་འགྲོ་ལམ་བྱེད་དགོས། འདི་ལྟར་བྱས་ན་སྟོང་རྐང་འཁྲིལ་ནས་དྲང་མོར་སྐྱེ་འཚར་ཡོང་བ་དང་། འོད་འཇོ་ཚད་དང་དབུགས་རྒྱུ་ཚད་བཟང་ལ། གང་བུ་ཐོགས་ཚད་མང་བ། སྟོ་ལྷང་གང་བུའི་ཚོང་རྫས་རང་བཞིན་བཟང་བ། ཐོན་ཚད་མཐོ་བར་མ་ཟད། འབྲས་བུ་འཐོག་པ་དང་ཆུ་འདྲེན་པ་སྟེ། ལྷང་བུ་དང་མེ་ཏོག་བཞད་པ། གང་བུ་འདོགས་པའི་ཆུ(འབྲུ་རྫོག་སྨིན་པའི་དུས) སོགས་འདུས། མྱུ་གུའི་དུས་སུ་ཆུ་འདྲེན་ཚད་མང་དྲགས་ན་ས་རྫོག་པོར་

ཚགས་སླ་བས་རྩ་ལག་རྒྱས་པར་མི་ཕན། སྲན་ནག་མེ་ཏོག་གི་སྦུ་གུའི་ཐོར་འགྱུར་ཅུང་འགོར་བ་དང་དུས་རིམ་ཅུང་ཐུང་བས། ཟེའུ་འབྲུའི་མེ་ཏོག་བཞད་པའི་དུས་ཆུ་མགོ་ཚད་ཆེས་མང་བ་ཡིན། དེའི་ཕྱིར་སྲན་ནག་གི་ནང་དུ"ལྷང་བུ་དུས་སུ་ཆུ་མང་ན་འགྲེལ་སླ་བ་དང་། དུས་མཇུག་ཏུ་ཆུ་མང་ན་འབྲས་བུ་སྨིན་དཀའ་བ"ཞེས་པའི་བཤད་རྒྱུལ་ཡོད། དུས་མཚུངས་སུ་རྟོད་ལྟས་བདེན་དཔང་བྱས་པ་ལྟར་ན་མེ་ཏོག་བཞད་པའི་དུས་སུ་ཆུ་བཏང་ན་ལྷང་བུའི་དུས་སུ་ཆུ་བཏང་བ་ལས་ཐོན་འཕར་བྱུང་ཚད93%ཡིན། དེ་བས་དམངས་ཁྲོད་དུ"གྲོ་ནི་ལྷང་སྨུག་དུས་སུ་ཆུ་གཏོང་བ་དང་སྲན་མར་མེ་ཏོག་བཞད་པའི་དུས་སུ་ཆུ་གཏོང་བ"ཞེས་པའི་གཏམ་དཔེ་ཡོད། དེ་བས། མེ་ཏོག་བཞད་པའི་དུས་སྐབས་ཀྱི་ཆུ་ནི་ཆེས་གནད་འགག་ཡིན།

ཆུ་གཏོང་བ་དང་ཡང་ན་ཆར་བ་འབབ་པ་ཟུང་འབྲེལ་བྱས་ཏེ། སྦུ་གུ་ཐོན་ཚད་ཞན་པ་དང་སྦུ་གུ་ཞན་པའི་ས་ཞིང་དུ་མུའུ་རེར་ཐེངས1~2ལ་གཅིན་རྒྱུ་སྔོང་ཁེ2~5རྒྱག་དགོས་པ་དང་། ལྷང་བུར་སྐྱོད་པའི་རིགས་དང་གང་བུའི་སྐྱོད་པའི་སོན་རིགས་ཡིན་ན་འཐུ་འཐོག་གི་དུས་སྐབས་ལ་གཞིགས་ནས་དུས་ལྟར་ཆུ་གཏོང་བ་དང་ལུད་རྒྱག་དགོས།

དྲུག བཟ་བསྡུ།

ལོ་ཏོག་སྨུད་སྐབས་སྐྱོད་སྒོ་མི་འདྲ་བར་གཞིགས་ནས་བྱེ་བྲག་ཏུ་ཐག་གཅོད་བྱེད་དགོས་པ་དང་། འབྲུ་ རྡོག་སྐམ་པོར་སྐྱོད་པའི་སྲན་ནག་ནི་ལོ་མ་སེར་པོར་འགྱུར་བ་དང་། 70%~80%ཡི་སྲན་ནག་གང་བུ་རྙིད་ཅིང་སེར་པོར་འགྱུར་དུས་སྨུད་དགོས། སྔོང་རྐང་བསིལ་སྐམ་བྱེད་པ་དང་དེ་མིན་ཉི་མར་ལྡེ་བ་དང་ཆར་ཆུས་སྦྲངས་ནས་འབྲུ་རྡོག་གི་མདོག་ཡལ་བར་སྔོན་འགོག་བྱེད་དགོས། སོན་འབྲུ་སོས་པར་སྐྱོད་པའི་སྲན་ནག་ནི་སྲན་རྡོག་གི་ཁུ་བ་སྐྱོན་མེད་དང་སྲན་རྡོག་མདངར་མོ་མ་སྨིན་པའི་དུས་རིམ་དུ་བཟ་བསྡུ་བྱེད་དགོས། གང་བུར་སྐྱོད་པའི་སྲན་ནག་ནི་ལས་

སྔོན་བྱེད་པའམ་ཡང་ན་གཡོས་སྦྱོར་བྱེད་པའི་བླང་བྱའམ་ཡང་ན་ཚོང་རའི་དགོས་མཁོ་ལྟར་བཏང་བསྐྱུའི་དུས་ཡུན་ཐག་གཅོད་བྱེད་དགོས་ཤིང་། སྤྱིར་བཏང་དུ་སྲན་ནག་གང་བུའི་སྐྱེ་མ་མིག་ བླུག་གི་དུས་མཇུག་ཏུ་བཏང་བསྐྱུ་བྱེད་དགོས། དུས་སྐབས་འདིར་ས་བོན་གྱི་མདངར་ཆ་འདུས་ཚད་མཐོ་ཞིང་བྲོ་བ་ཞིམ་པས། དུས་བགོས་ཁག་བགོས་ཀྱིས་བཏང་བསྐྱུ་བྱས་ཏེ་སྲན་ནག་གང་བུའི་རྒྱུ་སྤུས་ཁག་ཐེག་བྱེད་དགོས། ལོ་མ་ཕྱེད་མེད་སྲན་ནག་སོན་རིགས་ནི་ལོ་མ་སེར་པོར་འགྱུར་བ་དང70%~80%ཡི་སྲན་ནག་གང་བུ་སེར་པོར་འགྱུར་ན། གནམ་ངོ་དྭངས་པའི་སྔ་དྲོའི་དུས་ཚོད་བདམས་ནས་སྲན་ནག་གང་བུ་ཅུང་བརླན་གཤེར་ཆེ་བའི་དུས་སུ་བཏང་བསྐྱུ་འཕྲུལ་འཁོར་སྤྱད་ནས་བཏང་བསྐྱུ་བྱེད་ཅིང་། སྲན་ནག་གི་གང་བུར་རྗེབ་རྡུང་ཐེབས་ནས་གང་བུ་དང་འབྲུ་རྡོག་ལྷུང་བའི་སྣང་ཚུལ་འབྱུང་བར་སྔོན་འགོག་བྱེད་དགོས།

ས་བཅད་གསུམ་པ། སྲུང་སྐྱོབ་ས་ཁུལ་གྱི་སྲན་ནག་འདེབས་གསོ་ལག་རྩལ།

མཚོ་སྔོན་ཞིང་ཆེན་གྱི་སྲན་ནག་སྲུང་སྐྱོང་ཁུལ་དུ་འདེབས་གསོ་བྱེད་པར་ཉེ་འོད་དྲོད་ཁང་དང་འཁྱིལ་ཤོག་དྲོད་ཁང་ཆེན་མོ་རིགས་གཉིས་ཡོད་པ་དང་། གཙོ་བོར་སྨྱུ་གུ་དང་གང་བུར་སྤྱོད་པའི་སོན་རིགས་འདེབས་གསོ་བྱེད་བཞིན་ཡོད། དེའི་འགག་རྩའི་ལག་རྩལ་ནི་སོན་རིགས་སེལ་སྒྲིག་དང་འདེབས་འཛུགས་བྱེད་སྟངས། སྐྱེ་འཚར་གྱི་དུས་ཡུན་རིང་པོའི་ནང་གི་དྲོད་ཚད་ཚོད་འཛིན་དང་ནད་འབུའི་གནོད་འཚེ་སྔོན་འགོག་བྱ་རྒྱུ་སོགས་ཡིན།

སོག་ཤུལ་སྔོན་མ་བཏང་བསྐྱུ་བྱས་རྗེས་ཞིང་ས་གཏིང་སློག་བྱེད་པ་དང་ས་ཁོད་སྙོམས་པ། སྐྱེ་ལྡན་ལུད་དང་སྐྱེ་མེད་རྫས་ལུད་མཉམ་དུ་རྒྱག་པ། རྣང་མ་དབྱེ་བའམ་རྣང་མ་བཟོ་བ། རྣང་མའི་ཆེ་ཆུང་དང་ཁ་ཕྱོགས་ནི་ཞིང་སའི་ཆེ་ཆུང་

དང་ཆུ་འདྲེན་ཡུར་བུའི་འགྲོ་ཕྱོགས་སོགས་ཀྱི་རྒྱུ་རྐྱེན་ལ་གཞིགས་ནས་གཏན་ཁེལ་བྱེད་དགོས། ས་བོན་འདེམ་སྒྲུབ་བྱེད་སྐབས་ཚོང་རའི་ཕྱིར་འཚོང་གནས་ཚུལ་ལ་བསམ་བློ་གཏོང་དགོས་པ་དང་། ཕྱིར་བཏང་དུ་སོན་རིགས་སྣ་གཅིག་འདེབས་འཛུགས་བྱེད་མི་རུང་། ལྡང་བུར་སྒྲུབ་པའི་སོན་རིགས་དང་གང་བུར་སྒྲུབ་པའི་སོན་རིགས། སྟོང་ཁང་མཐོ་བའི་སོན་རིགས་དང་སྟོང་ཁང་ཐུང་བའི་སོན་རིགས་སྡེབ་སྦྱིག་བྱས་ནས་འདེབས་འཛུགས་བྱེད་དགོས། སྟོང་ཁང་མཐོ་བའི་སོན་རིགས་དང་སྟོང་ཁང་ཐུང་བའི་སོན་རིགས་ནི་ཐུང་སྐྱེ་སྡོ་ཚལ་གཞན་དག་དང་ཕྲེར་སྐར(རྣང་ཐོག)རེ་འཛོག་པ་དང་རྣང་མིག་རེ་བཞག་སྟེ་བར་མཚམས་བཅད་ནས་འདེབས་འཛུགས་བྱས་ཆོག སོན་འདེབས་བྱེད་སྐབས་སྤྱིལ་བུའི་ནང་གི་དྲོད་ཚད་དམའ་ཤོས་ནི1~2℃བརྟན་པོ་ཡིན་དགོས། སོན་འདེབས་དུས་ཚོད་ནི་ས་གནས་དེ་གའི་གནམ་གཤིས་ཆ་རྐྱེན་དང་འདེབས་གསོའི་སོན་རིགས། ཚོང་རའི་དགོས་མཁོ་དང་དུས་ཚིགས་ལས་ལྡོག་པའི་ཕྱིར་འཚོང་སོགས་ཀྱི་རྒྱུ་རྐྱེན་ལ་གཞིགས་ནས། གང་འཚམ་གྱིས་ཐག་གཅོད་བྱེད་པ་དང་དུས་བགོས་འདེབས་འཛུགས་བྱེད་དགོས། སོན་འདེབས་བྱེད་སྟངས་ནི་ཁུང་འདེབས་དང་ཕུར་འདེབས་གཙོ་བོར་བྱེད་པ་དང་། གང་བུར་སྒྲུབ་པའི་སོན་རིགས་རྣང་མ་བཙུགས་ནས་འདེབས་འཛུགས་བྱས་ན་འཚམ་ཞིང་། ཁུང་འདེབས་བྱེད་སྟངས་སྤྱོད་དགོས། ཁུང་བུའི་བར་ཐག་ལི་སྨི15~30དང་ཁུང་རེར་འབྲུ་རྡོག2~3དང་མུའུ་རེར་སྟོང་ཁ15ཙམ་དགོས། ལྡང་བུར་སྒྲུབ་པའི་སོན་རིགས་རྣང་མ་ལས་མི་འཛུགས་པར་ཕུར་འདེབས་བྱེད་དགོས་ཤིང་། ཕྲེང་བའི་བར་ཐག་ལི་སྨི25~35དང་སྟོང་བོའི་བར་ཐག་ལི་སྨི5~10དགོས། འདེབས་འཛུགས་ཕྲེང་སྐར་གཉིས་རེ་བྱས་རྗེས་བར་སྟོང་དུ་གཅིག་རེ་འཛོག་པ་དང་། མུའུ་རེར་སྨྱུག་ཁང་ཁྲི16~ཁྲི17འགན་ལེན་བྱེད་དགོས། སྨྱུ་གུ་ཐོན་པ་ནས་བཏོག་པའི་སྔོན་ལ་ཕྱིར་བཏང་དུ་ཆུ་གཏོང་བ་དང་ལུད་རྒྱག་མི་དགོས་སོ།

འོན་ཀྱང་དུས་ཐོག་ཏུ་ཡུར་མ་ཡུར་ནས་རྩ་ལག་རྒྱས་པར་སྐྱུལ་འདེད་གཏོང་དགོས། གང་བུར་སྤྱོད་པའི་སོན་རིགས་ཡིན་ན་སྨྱུ་གུའི་མཐོ་ཚད་ལི་སྨི30~40ཡོན་དུས་སྒྲིམ་རྒྱག་དགོས་པ་དང་། ལྗང་སྨྱུག་སྤྱོད་པའི་སོན་རིགས་ཡིན་ན་སྒྲིམ་རྒྱག་མི་དགོས། ལྗང་སྨྱུག་དང་སྔོ་ལྗང་གང་བུ་འཐུ་བའི་སྐབས་སུ་ཆུ་གཏོང་བ་དང་ལུད་རྒྱག་དགོས། ཟེའུ་འབྲུ་ཐོན་པ་ནས་འབྲས་བུ་སྨིན་པའི་དུས་སྐབས་སུ་སླེབས་ན་གང་བུར་སྤྱོད་པའི་སོན་རིགས་ལ་ལུད་དང་ཆུ་མཉམ་དུ་ཤུགས་བསྣན་ནས། ཆུ་དང་ལུད་མི་འདང་བ་དང་ལུད་ཤུང་བས་མེ་ཏོག་དང་འབྲས་བུ་སར་ལྷུང་བར་སྔོན་འགོག་བྱེད་དགོས། སྨྱུ་གུ་ཐོན་པ་ནས་མེ་ཏོག་བཞད་པའི་བར་དུ་ཉིན་མོའི་དྲོད་ཚད25℃ཡན་ལ་སླེབས་དུས་རླུང་རྒྱུ་དགོས་པ་དང་། ཕྱི་དྲོ་སྔ་མོ་ནས་སྒོ་རྒྱག་དགོས་པ་དང་དགོང་མོར་རྩྭ་ཡོལ་བཀབ་ནས་དྲོད་སྲུང་བྱས་ཏེ། དྲོད་ཚད10℃ཡས་མས་སུ་རྒྱུན་འཁྱོངས་བྱེད་དགོས། མེ་ཏོག་བཞད་པ་ནས་འབྲས་བུ་ཐོགས་པའི་དུས་སྐབས་སུ་ཉིན་མོའི་དྲོད་ཚད15~18℃དང་མཚན་མོའི་དྲོད་ཚད12~16℃རྒྱུན་འཁྱོངས་བྱས་ན་འཚམ་པས། དྲོད་ཚད་ནི་འབྲས་བུ་འཐོག་པའི་དུས་ཡུན་ཇེ་རིང་དུ་གཏོང་བར་འབྲེལ་བ་ཆེན་པོ་ཡོད།

ས་བཅད་བཞི་པ། སྒོལ་འདེབས་དང་བསྐྱར་འདེབས།

སྲན་ནག་སོན་རིགས་ལ་སྣ་མང་རང་བཞིན་ལྡན་པ་དང་རིགས་རྒྱུད་མི་འདྲ་བའི་སྐྱེ་འཕེལ་དུས་སྐབས་ཀྱི་ཁྱད་པར་ཆེན་པོ་ཡོད་དེ། འདེབས་གསོའི་ལམ་ལུགས་སྣ་ཚོགས་ཁྲོད་དུ་འདེབས་འཛུགས་བྱེད་ཐུབ་པས་འཕྲོད་ནུས་ཆེ་བར་མ་ཟད། སྐྱེ་དངོས་གཞན་གྱི་རྒྱུན་ལྡན་གྱི་སྐྱེ་འཚར་ལའང་ཕན་པ་ཡོད།

གཅིག སྐོལ་འདེབས།

(གཅིག) སྲན་ནག་དང་གྲོ་སྐོལ་འདེབས།

སྲན་ནག་དང་གྲོ་བསྲེས་ན་ལོ་ཏོག་གཉིས་ཀྱི་སྐྱེ་འཚར་ལ་ཕན་པ་དང་། སྲན་ནག་ལ་ལུད་རྫ་མང་ཙམ་དགོས་པར་མ་ཟད། ཞུ་དཀའ་བའི་ལུད་ཡང་བེད་སྤྱོད་བྱེད་ཐུབ་ལ་ཏན་བརྟན་པོར་ཡོང་ཐུབ། གྲོ་ཡི་རིགས་ལ་ཏན་མང་ཙམ་དགོས། ལོ་ཏོག་གཉིས་ཀའི་འཚོ་བཅུད་ཀྱི་དགོས་མཁོའི་ཐད་ནས་འགལ་བ་ཆེན་པོ་མེད་ཅིང་། སྲན་ནག་རྩ་བའི་སྲན་འབུས་བསྲེས་སྦྱོར་ཏན་རྒྱུ་ཁག་གཅིག་ད་དུང་གྲོའི་རིགས་ལ་མགོ་འདོན་བྱེད་ཐུབ། དེ་བས། སྲན་མ་དང་གྲོ་རིགས་སྐོལ་འདེབས་བྱས་ན་གྲོ་རིགས་ཀྱི་ཡན་ལག་གི་གྲངས་ཀ་དང་སྡོང་རྐང་རྐྱང་པའི་གྲངས། འབྲུ་ཏོག་སྡོང་གི་ལྗིད་ཚད་སོགས་དཔལ་འབྱོར་གྱི་ངོ་བོ་དང་གཟུགས་དབྱིབས་ལ་ཤུགས་རྐྱེན་མི་ཐེབས་པ་དང་། སྲན་ནག་ནི་གྲོ་རིགས་ལ་བརྟེན་ནས་དྲང་མོར་སྐྱེས་ཤིང་། ཁ་དབྲག་གི་གྲངས་ཀ་དང་སྡོང་རྐང་གཅིག་གི་གང་བུའི་གྲངས། གང་བུ་གཅིག་གི་འབྲུ་ཏོག་གི་གྲངས། འབྲུ་ཏོག་བརྒྱའི་ལྗིད་ཚད་སོགས་ཞིང་ལས་ལག་རྩལ་གྱི་ངོ་བོ་དང་གཟུགས་དབྱིབས་ནི་ཁེར་འདེབས་ལས་མཐོ་བ་ཡིན། སྲན་གྲོ་སྐོལ་འདེབས་ཀྱི་བསྡུར་ཚད་ནི་ས་རྒྱུའི་གཤེར་ཚད་ལ་གཞིགས་ནས་གཏན་ཁེལ་བྱེད་དགོས། ས་རྒྱུ་གཤེར་ཚད་ལེགས་པའི་ས་ཞིང་གི་སྲན་གྲོའི་བསྡུར་ཚད་ནི2 : 3དང་ས་རྒྱུ་གཤེར་ཚད་འབྲིང་བའི་ས་ཞིང་གི་སྲན་གྲོའི་བསྡུར་ཚད་ནི3 : 7ཡིན། ས་རྒྱུ་གཤེར་ཚད་ཞན་པའི་ས་ཞིང་གི་སྲན་གྲོའི་བསྡུར་ཚད་ནི4 : 6ཡིན། སྤྱིར་བཏང་དུ་གྲོ་གཙོ་བོ་ཡིན་པ་དང་གྲོ་འདེབས་ཚད་ནི་ཁེར་འདེབས་བྱེད་ཚད་ལས་ཅུང་དམའ་བ་དང་། སྲན་ནག་མུའུ་རེར་སྟོང་ཁེ6ཡས་མས་འདེབས་པ་ཡིན། གལ་ཏེ་སྲན་ནག་གཙོ་བོར་བྱས་ཏེ་བཏབ་ན། སྲན་ནག་འདེབས་ཚད་ནི་ཁེར་འདེབས་བྱེད་ཚད་ལས་ཅུང་དམའ་བ་དང་། མུའུ་རེར་གྲོ་སྟོང་ཁེ2.5དང་ཡང་ན་ཅུང་མང་ཙམ་བཏབ་ན་

གྲོས་སྨན་ནག་འདེབས་སྦྱོར་བྱེད་པ་དང་ལོ་ཏོག་མི་འགྲིལ་བ་ཚད་གཞིར་འཛིན་དགོས། སོན་འདེབས་བྱེད་སྐབས་སྔོན་ལ་སྨན་ནག་གཏིང་འདེབས་བྱེད་དགོས་པ་དང་ས་སྐོམས་རྗེས་སླར་ཡང་གྱི་འདེབས་དགོས།

(གཉིས) རྒྱ་སྨན་སྤེལ་འདེབས།

སྐྱེ་འཚར་དུས་ཡུན་གཅིག་མཚུངས་ཡིན་པའི་རྒྱ་སྨན་དང་སྨན་ནག་གི་སོན་རིགས་འདེམ་དགོས་པ་སྟེ། དཔེར་ན་རྩ་ཐང12སམ་ཡང་ན་རྩ་ཐང224དང་དཀར་སྨན་སྤེལ་སྦྱོར་བྱེད་དགོས། སོན་འདེབས་མཐུག་ཚད་ནི་རི་ཐང་མཚམས་སུ་སྨན་ནག་གཙོ་བོར་འཛིན་དགོས་ཤིང་། མུའུ་རེར་སྡོང་ཁེ6དང་ལྷང་བུ་ཁྲི2.5འགན་སྐྱུང་བྱེད་དགོས། རྒྱ་སྨན་མུའུ་རེར་སྡོང་ཁེ15དང་ལྷང་བུ་ཁྲི1.5འགན་སྐྱུང་བྱེད་དགོས། རི་ཐང་མཚམས་ཁྱེད་ཙམ་དང་རི་གསེབ་ས་ཁུལ་ཁྱེད་ཙམ་ཡིན་ན་སྨན་ནག་མུའུ་རེར་སྡོང་ཁེ5དང་ལྷང་ཀང་ཁྲི2འགན་སྐྱུང་བྱེད་དགོས། རྒྱ་སྨན་མུའུ་རེར་སྡོང་ཁེ15དང་ལྷང་ཀང་ཁྲི2འགན་སྐྱུང་དགོས། རི་གསེབ་ས་ཁུལ་ནས་རྒྱ་སྨན་གཙོ་བོར་འཛིན་དགོས་ཤིང་། མུའུ་རེར་སྡོང་ཁེ20དང་ལྷང་ཀང་ཁྲི2འགན་སྐྱུང་དགོས། སྨན་ནག་མུའུ་རེར་སྡོང་ཁེ2.5དང་ལྷང་ཀང་ཁྲི1.2འགན་སྐྱུང་བྱེད་དགོས། སོན་འདེབས་སྐབས་སྔོན་ལ་སྨན་ནག་བཏབ་རྗེས་རྒྱ་སྨན་གཏོར་འདེབས་བྱེད་ཅིང་། ཕྲེང་བའི་བར་ཐག་ལི་སྨི25~30དང་གཏིང་ཚད་ལི་སྨི8~10ཡིན་དགོས། ཡང་ན་མི་གཅིག་གིས་སྨན་ནག་གཏོར་འདེབས་དང་མི་གཅིག་གིས་རྒྱ་སྨན་གཏོར་འདེབས་བྱས་ཏེ་མཉམ་དུ་འདེབས་འཛུགས་བྱེད་དགོས།

དེ་མིན་སྤེལ་འདེབས་བྱེད་ཐབས་ལ་ད་དུང་སྨན་ནག་དང་པད་ཁ་སྤེལ་འདེབས་དང་། སྨན་ནག་དང་ཡུག་པོ་སྤེལ་འདེབས་སོགས་ཡོད།

གཉིས། བར་འཇོག་སྤེལ་འདེབས།

བར་འཇོག་འདེབས་འཛུགས་བྱས་ན་འོད་དང་ཚ་བ། ཆུ། རླུང་བཅས་ཀྱི་

ཐོན་ཁུངས་བེད་སྤྱོད་གང་ལེགས་བྱེད་ཐུབ་པར་མ་ཟད། ད་དུང་མཁའ་རླུང་ནང་གི་ཏན་རྒྱ་གཏན་འཛུགས་བྱེད་ཐུབ་པས། ས་རྒྱུའི་གཤིན་ཚད་དང་རྩི་སྣུམས་དང་ཇི་མཐོར་གཏོང་བར་ཕན་པ་ཡོད། བར་འཛོག་འདེབས་འཛུགས་བྱེད་པའི་འགག་རྩའི་གནད་དོན་ནི་ལོ་ཏོག་དང་སོན་རིགས་ལ་སྟོང་ཁང་ཐུང་ངུ་དང་སྟོང་ཁང་ཐུང་ངུ་ཕྱེད་ཙམ་གྱི་སྒྲིར་བཏང་གི་རིགས་དང་ལོ་མ་ཕྱེད་ཀ་མེད་པའི་རིགས་སྣའི་དྲང་སོར་ལངས་པའི་སྨན་ནག་གི་རིགས་བདམས་ན། སོག་རིང་གི་ལོ་ཏོག་དང་མཉམ་དུ་འདེབས་འཛུགས་བྱེད་པར་འཚམ་པ་དང་། མ་རྨོས་ལོ་ཏོག་གི་བར་དུ་སྨན་ནག་སྣོལ་འདེབས་དང་ཞོག་ཁོག་གི་བར་དུ་སྨན་ནག་སྣོལ་འདེབས་བྱེད་པ་ནི་དཔེ་མཚོན་རང་བཞིན་གྱི་འདེབས་གསོ་བྱེད་སྟངས་ཡིན།

མ་རྨོས་ལོ་ཏོག་གི་བར་དུ་སྨན་ནག་སྣོལ་འདེབས་ཀྱི་དབྱིབས་རྣམ་ནི། མ་རྨོས་ལོ་ཏོག་གི་ཞིང་ཁ་ཆེ་ཆུང་གི་ཕྲེང་བར་འདེགས་འཛུགས་བྱེད་ཅིང་། ཞིང་ཁ་ཆུང་བའི་ཕྲེང་བར2ལ་མ་རྨོས་ལོ་ཏོག་འདེབས་པ་དང་། བར་ཐག་ལི་སྨི33དགོས། ཞིང་ཁ་ཆུང་བ་ཕྲེང་གཉིས་རེའི་བར་དུ་ལི་སྨི83བཞག་ནས་སྨན་ནག་ཕྲེང་བ2འདེབས་པ་དང་། མ་རྨོས་ལོ་ཏོག་གི་སྟར་ཕྲེང་དང་སྨན་ནག་གི་སྟར་ཕྲེང་བར་དུ་བར་ཐག་ལི་སྨི3དགོས།

ཞོག་ཁོག་གི་བར་དུ་སྨན་ནག་སྣོལ་འདེབས་བྱེད་ཐབས་གོང་དང་མཚུངས།

གསུམ། བསྐྱར་འདེབས།

མཚོ་སྔོན་ཞིང་ཆེན་གྱི་གནམ་གཤིས་ཇེ་དྲོར་ཕྱིན་པ་དང་སད་མེད་པའི་དུས་ཚོད་ཇེ་རིང་དུ་ཕྱིན་པ་དང་བསྟུན་ནས། སྟ་སྨིན་སྨན་ནག་དང་ཚལ་སྤྱོད་སྨན་ནག་བསྐྱར་འདེབས་བྱེད་པར་འཕེལ་རྒྱས་ཀྱི་མདུན་ལམ་ཆེན་པོ་ལྡན་ཏེ། ཕྱོགས་གཅིག་ནས་བསྐྱར་འདེབས་ཀྱི་བསྡུར་གྲངས་ཇེ་མཐོར་བཏང་ནས་ས་ཞིང་གི་སྤྱོད་ཚད་ཇེ་མཐོར་གཏོང་ཐུབ་པ་དང་། ཕྱོགས་གཞན་ཞིག་ནས་འདེབས་འཛུགས་ཀྱི་ཡོང་

འབབ་རྗེ་མང་དུ་གཏོང་བའམ་ཡང་ན་སྔོ་གཟན་རྗེ་མང་དུ་བཏང་ནས་ས་བཅུད་ལེགས་སྐྱུར་བྱེད་ཐུབ། སྐྱེ་འཚར་དུས་ཡུན་ཉིན100མན་གྱི་སྔ་སྨིན་སྤྲན་ནག་ནི་དགུན་གྲོ(ཚ་ཚད་ཀྱི་ཆ་རྐྱེན་ལེགས་པའི་དཔྱིད་གྲོ་ཁུལ) དང་སྔོ་ཚལ་གྱི་སོག་ཤུལ་དུ་བསྐྱར་འདེབས་བྱས་ན་རྒྱུན་ལྡན་དང་སྨིན་ཐུབ། དཔྱད་གཞིའི་བདེན་དཔང་ལྟར་ན། སྤྲན་ནག་བསྐྱར་འདེབས་བྱས་ན་སོན་འབྲུ་སྐམ་པོ་སྟོང་ཁ100~150བཟ་བསྡུ་བྱེད་ཐུབ་པ་དང་། དུས་རབས20པའི་ལོ་རབས70པའི་ནང་དུ། མིན་ཧོ་ཧྲུང་ཡོན་ཁྲིན་གྲོ་བསྡུས་རྗེས་སྔ་སྨིན་སྤྲན་ནག་མུའུ26བསྐྱར་འདེབས་བྱས་པར། ཆ་སྙོམས་མུའུ་རེའི་ཐོན་ཚད་སྟོང་ཁ135དང་ཐོན་ཚད་མཐོན་པོར་སྟོང་ཁ198ཟིན། སྔོ་ཚལ་དང་སྔོ་རྩྭ་གཟན་ཆས་སུ་སྤྱོད་པའི་སྤྲན་ནག་ནི་དཔྱིད་ཀྱི་གྲོ་སོག་ཏུ་བསྐྱར་འདེབས་བྱས་ན་རྒྱུན་ལྡན་ལྟར་མེ་ཏོག་སོས་པ་དང་སྨྱུ་གུ་སོས་པ་བཏོག་ནས་ཚོང་རར་འདོན་པའམ་ཡང་ན་སོག་མ་སྔོ་རྩྭའི་གཟན་རྩྭར་སྤྱོད་བཞིན་ཡོད། བསྐྱར་འདེབས་སྤྲན་ནག་ཞིང་ཁར་དོ་དམ་བྱེད་པར་དོ་སྣང་བྱེད་དགོས་པ་སྟེ། སོག་ཤུལ་སྔོན་མའི་ལོ་ཏོག་བསྡུས་རྗེས་ས་རྒྱུའི་གཤིན་ཚད་ཤིན་ཏུ་ཞན་པས། འབྲུ་རྡོག་ཏུ་སྤྱོད་པའི་སྤྲན་ནག་ནི་དུས་སྔོན་དུ་ལུད་མང་ཙམ་བརྒྱབ་ནས་སྐྱེ་འཚར་ལ་སྐུལ་འདེད་བྱེད་དགོས་ཤིང་། བར་སྐབས་དང་དུས་མཇུག་ཏུ་ཆར་ཆུ་མང་བས་སྐྱེ་འཚར་ལ་ཚོད་འཛིན་བྱེད་དགོས། ལྷོང་བུ་འདོན་པའི་དུས་སུ་ཆུ་ཐེངས་གཅིག་ལ་བཏང་རྗེས་ཕྱིར་བཏང་དུ་ཆུ་གཏོང་མི་དགོས་ཤིང་། འབྲས་བུ་སྨིན་མི་ཐུབ་པ་དང་འཁྱུགས་སྐྱོན་འབྱུང་བར་གཡོལ་དགོས། གཟན་ཆས་སུ་སྤྱོད་པའི་སྤྲན་ནག་ཡིན་ན་ཆུ་ལུད་ཀྱི་དགོས་མཁོ་སྐོང་གང་ཐུབ་བྱས་ནས་འཚོ་བཅུད་སྐྱེ་འཕེལ་རྗེ་ལེགས་སུ་གཏོང་བ་དང་། སྔོ་མོ་ནས་སྐྱེ་བ་དང་སྐྱེ་འཚར་མགྱོགས་ཤིང་སྐྱེ་ཚད་མང་བར་བྱེད་དགོས། ཚལ་སྤྱོད་སྤྲན་ནག་ནི་གནས་ཚུལ་དངོས་ལ་གཞིགས་ནས་ཐག་གཅོད་བྱེད་དགོས།

ལེའུ་གསུམ་པ། སྲན་ནག་ཕྱོགས་བསྡུས་ཞེད་སྤྱོད།

ས་བཅད་དང་པོ། སྲན་ནག་གི་སོན་རིགས་གསར་བ་དང་ལག་རྩལ་གསར་བའི་འདེམ་སྤྱོད།

སྲན་ནག་གི་སོན་རིགས་གསར་བ་དང་ལག་རྩལ་གསར་བ་ནི་ཚན་རྩལ་མཐོན་པོའི་འདུས་ཚད་ཀྱི་ཉིང་བཅུད་ཡིན་པ་དང་། ཐོན་སྐྱེད་ཐད་དུ་སྤྱོད་པ་ནི་སྲན་ནག་ཐོན་འཕར་མངོན་འགྱུར་དང་ཞིང་ལས་ཡོང་འབབ་འཕར་སྣོན་ཡོང་བའི་འགག་རྩ་ཡིན། དེ་བས། ཡུལ་བབ་དང་བསྟུན་ནས་སྲན་ནག་སོན་རིགས་གསར་བ་དང་ལག་རྩལ་གསར་བ་ཡང་དག་པའི་སྒོ་ནས་འདེམ་སྤྱོད་བྱེད་ཅིང་། སྲུང་སྐྱོང་དང་བེད་སྤྱོད་བྱེད་ཤུགས་ཇེ་ཆེར་བཏང་ན་སྐྱེ་སྟོབས་ཇེ་ཆེར་གཏོང་བ་དང་། ཐོན་འཕར་གྱི་མི་མངོན་པའི་ནུས་ཤུགས་འདོན་སྤེལ་གང་ལེགས་བྱེད་པར་གལ་འགངས་ཤིན་ཏུ་ཆེ།

གཅིག སོན་འདེམས་དང་སོན་སྤེལ།

སོན་འདེམས་དང་སོན་སྤེལ་ནི་སྲན་ནག་གི་སོན་རིགས་གསར་བའི་གདོད་མའི་ངོ་བོ་དང་གཟུགས་དབྱིབས་རྒྱུན་འཁྱོངས་བྱས་ནས། ས་བོན་གྱི་རང་བཞིན་དང་གཙང་ཚད་ཇེ་མཐོར་གཏོང་བར་མ་ཟད། ས་བོན་ཐོན་སྐྱེད་ལག་རྩལ་སྤྱད་དེ། ས་བོན་ཐོན་སྐྱེད་བྱེད་ཚད་མང་དུ་བཏང་ནས་དེའི་ཐོག་མའི་སོན་རིགས་ཀྱི་སྔར་ཡོད་ཁྱད་ཆོས་རྒྱུན་འཁྱོངས་བྱས་ཏེ་ཐོན་སྐྱེད་ནུས་ཤུགས་ཆེ་ཤོས་སུ་སླེབས་

པར་བྱེད་དགོས།

(གཅིག) ས་བོན་འདེམ་པ།

སོན་རིགས་རེ་རེའི་ལྗང་ཀང་གི་མཐོ་ཚད་དང་ཆོས་གཞི། ལོ་མའི་མདོག གང་བུ་དང་འབྲུ་ཏོག་གི་དབྱིབས་གཟུགས་སོགས་གཅིག་མཐུན་རང་བཞིན་ལ་གཞིགས་ནས། ལྗང་ཀང་བདམས་ནས་སོན་འཛོག་བྱེད་པ་དང་ས་ཞིང་འདེམས་ནས་སོན་འཛོག་པ། ར་བར་འདེམས་ནས་སོན་འཛོག་པ། ས་བོན་ཞིང་སའི་སྟེང་དུ་སོན་འཛོག་བྱེད་པ་སོགས་ཀྱི་ཐབས་ལ་བརྟེན་ནས་སོན་རིགས་འདེམ་དགོས། འདེམས་འཛོག་བྱས་པའི་ས་བོན་ད་དུང་ལེགས་འདེམས་བྱས་ནས་སོན་འདེབས་ཀྱི་དམིགས་ཚད་དུ་སླེབས་དགོས་པ་སྟེ། ཤུས་ཤིང་མྱུ་གུ་འབུས་པའི་ཚད་མཐོ་བ། འབྲུ་ཏོག་བརྒྱའི་ལྡིད་ཚད་མཐོ་བ་བཅས་ཡིན།

སོན་འདེབས་མ་བྱས་གོང་ལ40%ཙམ་ཚུའི་ནང་དུ་སོན་འདེམས་བྱེད་དགོས་པ་དང་། ཆུ་ཁར་གཡེང་བའི་ཆ་ཚང་མིན་པའམ་ཡང་ན་འབུ་སྐྱོན་ཕོག་པའི་ས་བོན་གཙང་སེལ་བྱེད་དགོས། སོན་འདེབས་མ་བྱས་སྔོན་ལ་ས་བོན་ལ་མྱུ་གུ་སྐྱེ་འདེད་བྱེད་པ་དང་། ས་བོན་གྱི་མྱུ་གུ་འབུས་སྐབས་དྲོད་ཚད0~2℃བར་གྱི་དྲོད་ཚད་དམའ་བའི་ནང་དུ་བཞག་ནས་ཉིན15འགོར་རྗེས་ད་གཟོད་སོན་འདེབས་བྱེད་དགོས།

(གཉིས) ས་བོན་ཕྲུས་ལེགས་བསྐྱར་གསོ།

སྤྱིར་བཏང་དུ་ལྷུམ་ར་གཅིག་གི་ལམ་ལུགས་དང་ལྷུམ་ར་གཉིས་ཀྱི་ལམ་ལུགས། ལྷུམ་ར་གསུམ་གྱི་ལམ་ལུགས་བཅས་ཀྱི་བྱེད་ཐབས་ སྤྱད་དེ། ས་བོན་ཕྲུས་ལེགས་བསྐྱར་གསོ་བྱེད་པ་ཡིན། ལོ་གཉིས་ལ་ལྷུམ་ར་གཅིག་ནི། སྡོང་ཀང་རྒྱང་བ་འདེམས་ནས་མཉམ་བསྲེས་སྐྱེ་འཕེལ་བྱེད་དགོས། ལོ་གསུམ་ལ་ལྷུམ་ར་གཉིས་ནི། སྡོང་ཀང་རྒྱང་བ་འདེམས་ནས་ལྗང་ཀང་གི་ར་བ་དང་རྒྱུད་བསྲེས་སྐྱེ་འཕེལ་

བྱེད་དགོས། ལོ་བཞིར་ལྷུམ་ར་གསུམ་ནི། སྔོང་རྐང་རྐྱང་བ་འདེམས་ནས་སྔོང་རྐང་རྐྱང་བ་འདེམས་ནས་ལྷོང་རྐང་གི་ར་བ་དང་སྔོང་རྒྱུད་བསྡུར་བའམ་རྒྱུད་བསྲེས་སྐྱེ་འཕེལ་བྱེད་དགོས།

(གསུམ) ས་བོན་ཐོན་སྐྱེད།

1. ཐོག་མའི་སོན་རིགས་ཐོན་སྐྱེད།

སོན་གསོ་ལས་ཁུངས་ནས་ཐོག་མའི་སོན་རིགས་བླངས་རྗེས། རང་ཚུགས་ཀྱི་ལུད་ཆུའི་ཆ་རྐྱེན་ལེགས་ཤིང་དོ་དམ་བྱེད་སླ་བའི་ས་ཞིང་འདེམས་ནས་ཆེད་ལས་ཅན་གྱི་ས་བོན་ཐོན་སྐྱེད་རྟེན་གཞིར་བཙུགས་ཏེ། ཐོན་སྐྱེད་བྱས་པའི་ཐོག་མའི་སོན་རིགས་ཀྱི་ཚད་གཞི་ནི་རྒྱལ་ཁབ་ཀྱི་ཚད་གཞིར་སླེབས་དགོས་པ་སྟེ། ལྷད་མེད་ཚད99.8%དང་གཙང་ཚད98% སྨྱུ་གུ་འབུས་ཚད90% བརླན་ཚད13% རྩྭ་ལྷུམ་གྱི་སོན་འབྲུ་རེར་སྟོང་ཁ10བཅས་ཡིན། ཡང་ན་ཞིང་ཆེན་གྱི་ཚད་གཞི་ནི། ལྷད་མེད་ཚད99.8%དང་གཙང་ཚད99.9% སྨྱུ་གུ་འབུས་པའི་ཚད98% བརླན་ཚད13.5% བཅས་ཡིན། ཐོན་སྐྱེད་བྱས་པའི་ས་བོན་ནི་རྒྱ་ཁྱོན་ཆེན་པོའི་ཞིང་སའི་ས་བོན་ཐོན་སྐྱེད་བྱེད་པའམ་ཡང་ན་ཐད་ཀར་ཐོན་སྐྱེད་བྱེད་པར་མཁོ་སྤྲོད་བྱེད་པ་ཡིན།

2. རྒྱ་ཁྱོན་ཆེན་པོའི་ཞིང་སར་ས་བོན་ཐོན་སྐྱེད།

ཐོག་མའི་སོན་རིགས་ཀྱི་སྐྱེ་འཕེལ་རྒྱ་ཁྱོན་ཆེ་བའི་ཞིང་སའི་ནང་དུ་ཐོན་སྐྱེད་བྱེད་པར་སྤྲོད་པ་དང་། ཐོན་སྐྱེད་བྱས་པའི་ས་བོན་ལ་ངེས་པར་དུ་གདམ་གསེས་དང་སྲོ་སྐམ། ལེགས་འདེམས། རིམ་འབྱེད། སྨན་རྫས་ཐག་གཅོད་དང་ཐུམ་སྒྲིལ་གསོག་ཉར་བྱས་ཏེ། ལོ་རྗེས་མར་གཏོང་འདྲེན་འདེབས་འཛུགས་བྱེད་དགོས།

རྒྱ་ཁྱོན་ཆེན་པོའི་ཞིང་ཁར་སོན་འདེབས་མ་བྱས་གོང་དུ། ཀུལ་བའི་བྲེས་ལུད་དང་སྤྲུངས་ལུད། ལིན་དང་ཀླ་ལུད་ཚད་ངེས་ཅན་ཞིག་རྒྱག་དགོས་པ་དང་། ལྷག་པར་དུ་ལིན་ལུད་བརྒྱབ་ན་ཐོན་འཕར་མངོན་གསལ་ཡིན། སྲུན་ནག་ཕུར་འདེབས་

བྱེད་དགོས་ཤིང་། སྐར་ཕྲེང་གི་བར་ཐག་ལི་སྨི10~20དང་ཕྲེང་བར་སྟོང་ལག་གི་བར་ཐག་ལི་སྨི5ཡིན། ཁྲུང་བུ་རེར་ས་བོན་འབྲུ་ཇོག2~6འདེབས་དགོས་ཤིང་། ས་རྒྱུར་བརྟན་གཤེར་ཆེ་དུས་ས་ལི་སྨི5~6འགེབ་དགོས། ས་རྒྱུ་སྐམ་ཤས་ཆེ་བའི་དུས་སུ་ས་འགེབ་ཚད་ཅུང་མཐུག་དགོས། མུའུ་རེར་ས་བོན་སྤྱོད་ཚད་སྟོང་ཁེ10~15ཡིན།

སྲན་ནག་གི་རྩ་བའི་སྐྲན་འབུ་དང་སྨན་སོན་མཉམ་སྦྱོལ་བྱེད་པ་ནི་ཐོན་ཚད་འཕར་བའི་ཐབས་ཤེས་ནུས་ལྡན་ཞིག་ཡིན། རྩ་བའི་སྐྲན་འབུ་དང་སྨན་སོན་མཉམ་སྦྱོལ་བྱས་རྗེས་རྩ་བའི་སྐྲན་རྫེ་མང་དུ་འགྲོ་བ་དང་། སྡོང་བོའི་གཞུང་རྟ་དང་ལོ་མ་སྐྱེ་འཕེལ་རྒྱས་ནས་གང་བུ་མང་ཞིང་ཐོན་ཚད་མཐོ་བ། སྨན་སོན་མཉམ་སྦྱོལ་བྱེད་ཐབས་ནི་མུའུ་རེར་རྩ་བའི་སྐྲན་འབུ་ཁེ10~19དང་ཆུ་ཅུང་ཙམ་བླུགས་ནས་ས་བོན་དང་བསྲེས་རྗེས་བཏབ་ཆོག

3. ས་བོན་ཉར་འཛོག

དུས་ཡུན་རིང་པོར་ཉར་ཚགས་བྱེད་དགོས་ན་ངེས་པར་དུ་ཆེད་ལས་ས་བོན་མཛོད་ཁང་དུ་འཛོག་དགོས་པ་དང་། རིམ་པ་དང་པོའི་མཛོད་དུ12℃ཁོར་ཡུག་འོག་ཏུ་ལོ46ལ་ཉར་ཚགས་བྱེད་པ་དང་། རིམ་པ་གཉིས་པའི་མཛོད་དུ0℃ཁོར་ཡུག་འོག་ཏུ་ལོ15ལ་ཉར་ཚགས་བྱེད་ཐུབ། དུས་ཡུན་ཐུང་ངུར་ཉར་ཚགས་བྱེད་ན་ངེས་པར་དུ་རླུང་རྒྱུ་བ་དང་སྐམ་ཤས་ཆེ་བ། ལྟོས་བཅས་ཀྱི་བརྟན་ཚད་དམའ་བའི་གནས་སུ་འཛོག་དགོས།

གཉིས། ཐོན་རྫས་གསར་བ་དང་ལག་རྩལ་གསར་བ་འདེམས་སྤྱོད་བྱེད་པར་ དོ་སྣང་བྱ་དགོས་པའི་གནད་དོན།

སྲན་ནག་གི་སོན་རིགས་གསར་བ་དང་ལག་རྩལ་གསར་བ་འདེམས་སྤྱོད་བྱེད་སྐབས། ས་གནས་དེ་གའི་གནམ་གཤིས་དང་ས་ཁམས་ཆ་རྐྱེན། དེ་བཞིན་སོན་རིགས་ཀྱི་ཁྱད་ཆོས་དང་སྤྱོད་སྒོ། འདེབས་འཛུགས་ལ་འཚམ་པའི་ས་ཁོངས། ཕྱོགས་

བསྡུས་ལག་རྩལ་སོགས་ཀྱི་རྒྱུ་རྐྱེན་ལ་གཞིགས་ནས་གཏན་ཁེལ་བྱེད་དགོས།

(གཅིག) རང་ས་གནས་ཀྱི་གནམ་གཤིས་ཆ་རྐྱེན་ལ་གཞིགས་ནས་ས་བོན་འདེམ་དགོས།

འོད་ཟྡོད་ཆ་རྐྱེན་བཟང་ཞིང་སད་མེད་དུས་ཡུན་རིང་བའི་ས་ཁུལ་དུ། སྔོང་ཀང་མཐོ་བ་དང་བར་སྨིན་ནམ་ཕྱི་སྨིན་གྱི་སོན་རིགས་དང་ཡང་ན་བསྐྱར་འདེབས་སྔ་སྨིན་སོན་རིགས་འདེམ་དགོས། དེ་ལས་ལྡོག་སྟེ་སད་མེད་དུས་ཡུན་ཐུང་བའི་ས་ཁུལ་དུ་སྔོང་ཀང་ཐུང་བ་དང་སྔ་སྨིན་སོན་རིགས་འདེམ་དགོས།

(གཉིས) སོན་རིགས་ཀྱི་ཁྱད་ཆོས་དང་སྤྱོད་ཡུལ་ལ་གཞིགས་ནས་སོན་རིགས་འདེམ་དགོས།

རི་ཐང་མཚམས་དང་རི་ཐང་མཚམས་ཕྱེད་ཀ་དང་རི་གསེབ་ཕྱེད་ཀའི་ས་ཁུལ་དུ། ཐན་འགོག་དང་སོན་འབྲུ་སྙམ་པོའི་ས་བོན་དཀྱུས་མ་གཙོ་བོར་སྤྱོད་དགོས། ཆུ་མའི་ས་ཞིང་དང་རི་གསེབ་ས་ཁུལ་དུ་ལོ་མ་ཕྱེད་ཙམ་མེད་པའི་ནད་ལངས་འགྲོལ་འགོག་གི་སོན་རིགས་གཙོ་བོར་འཛིན་དགོས། ཆུ་མའི་ས་ཞིང་དུ་སྦྲུ་གུ་དང་གང་བུ་སོགས་སུ་སྤྱད་ཆོག་པའི་སོན་རིགས་འདེམ་དགོས་ཤིང་། ལྷག་པར་དུ་གྲོང་ཁྱེར་དང་གྲོང་འདབས་ཀྱི་འཕྲིམ་འགྲུལ་སྟབས་བདེ་བས། སོས་པ་ཚོང་རར་འདོན་སླ་བ་དང་སྔ་སྨིན་སོན་རིགས་འདེམ་དགོས།

(གསུམ) ས་ཁམས་ཀྱི་ཁྱད་པར་རང་བཞིན་ལ་གཞིགས་ནས་སོན་བཟང་བརྗེ་བ།

སོན་བཟང་བརྗེ་སྐབས་ཐག་ཉེ་ས་ནས་འདེམ་དགོས་པ་དང་། ས་བབ་མཐོ་ཚད་གཅིག་མཚུངས་དང་སྟོད་བཅུད་ས་ཁོངས་གཅིག་མཚུངས་ཀྱི་གདམ་ག་བྱེད་པའི་རྩ་དོན་རྒྱུན་འཁྱོངས་དང་། དེ་དང་ཆབས་ཅིག་ཏུ་བརྗེ་སོར་སོན་བཟང་གི་ཡོང་ཁུངས་དང་བེད་སྤྱོད་བྱས་ཟིན་པའི་ལོ་ཚད། ཐོན་རྫས་ཀྱི་སྤྱོད་སྒོ། དེ་བཞིན་སོན་བཟང་ཞིང་ཁ་ཆེན་པོའི་འདེབས་གསོ་དང་སྲུང་སྐྱོང་ཁུལ་གྱི་འདེབས་གསོར་

སྤྱོད་པའི་ཁྱད་པར་རང་བཞིན་ལའང་བསམ་བློ་གཏོང་དགོས།

(བཞི) འདེམས་པའི་སོན་རིགས་ལ་གཞིགས་ནས་ཕྱོགས་བསྡུས་ལག་རྩལ་ཆ་ཚང་འདེམ་དགོས།

སྲན་ནག་གི་སོན་རིགས་ལ་རིགས་སྣ་མང་བ་སྟེ། བཀོལ་སྤྱོད་ཀྱི་ཐད་ནས་འབྲུ་ཇོག་ཏུ་སྤྱོད་པའི་རིགས་དང་གང་བུར་སྤྱོད་པའི་རིགས། སྨུ་གུར་སྤྱོད་པའི་རིགས་བཅས་སུ་དབྱེ་ཆོག སྡོང་རྐང་གི་རིགས་སྣ་ལྟར་དབྱེ་ན་སྡོང་རྐང་ཐུང་བའི་རིགས་དང་སྡོང་རྐང་མཐོ་བའི་རིགས། ལོ་མ་མེད་པའི་རིགས་བཅས་སུ་དབྱེ་ཡོད། འདེབས་གསོའི་ས་ཁོངས་ལྟར་དབྱེ་ན་སྐམ་སའི་དབྱིབས་དང་ཆུ་སའི་དབྱིབས་སོགས་ཡོད། སྤྱོད་སྒོ་མི་འདྲ་བ་དང་ས་ཁོངས་མི་འདྲ་བ། གནམ་གཤིས་ཀྱི་ཆ་རྐྱེན་མི་འདྲ་བར་འཚམ་པའི་སོན་རིགས་གསར་བར་བསྐྲུན་ནས། ངེས་པར་དུ་དེ་དང་འཚམ་པའི་ཕྱོགས་བསྡུས་ལག་རྩལ་སྤྱོད་དགོས་ཤིང་། གཞན་ད་དུང་སོན་རིགས་འདེམ་སྤྱོད་བྱས་ཏེ་ས་བོན་ཐོན་སྐྱེད་དང་ཚོང་ཟོག་ཐོན་སྐྱེད་བྱེད་པའི་མི་འདྲ་བའི་རང་བཞིན་ལ་གཞིགས་ནས། ས་བོན་ཐོན་སྐྱེད་ཀྱི་ལག་རྩལ་ལམ་ཚོང་ཟོག་ཐོན་སྐྱེད་ཀྱི་ལག་རྩལ་ཡང་འདེམ་སྤྱོད་བྱེད་དགོས།

(ལྔ) ས་བོན་གསར་བ་དང་ལག་རྩལ་གསར་བ་ཐོག་མར་ནང་འདྲེན་དང་ལག་བསྟར་བྱེད་པར། ངེས་པར་དུ་ཚོད་ལྟ་དང་དཔེ་སྟོན། ཚོད་ལྟས་ར་སྤྲོད་བཅས་ཀྱི་རྨང་གཞིའི་སྟེང་འཛུགས་དགོས།

ཐོག་མར་ངེས་པར་དུ་སོན་རིགས་གསར་བ་དང་ལག་རྩལ་གསར་བར་ཞིབ་འཇུག་བྱེད་པའི་ས་ཁོངས་རང་བཞིན་གྱི་ཁོར་ཡུག་ཆ་རྐྱེན་དང་ཐོན་སྐྱེད་དངོས་ཀྱི་ཁོར་ཡུག་ཆ་རྐྱེན་བར་གྱི་ཁྱད་པར་རང་བཞིན་ལ་རྒྱུས་ལོན་བྱ་དགོས་ཤིང་། དེའི་འཁྲིར་སོན་རིགས་གསར་བ་དང་དེའི་མ་ལག་ཚང་བའི་ལག་རྩལ་ནང་འདྲེན་བེད་སྤྱོད་གཏོང་དགོས། ད་དུང་འདེབས་གསོའི་ས་ཁོངས་རྒྱ་ཆེར་གཏོང་བ་སྟེ་མཚོ་སྔོན་

གྱི་སྔོ་ཕྱོགས་ས་ཁུལ་དུ་རྒྱ་བསྐྱེད་དགོས། བསྒྱུར་འདེབས་ས་ཁོངས་རྒྱ་ཆེར་གཏོང་བ་སྟེ་རི་ཐང་མཚམས་ཀྱི་འདེབས་གསོ་ནས་རི་ཐང་མཚམས་ཁྱེད་ཀ་དང་རི་གསེབ་ས་ཁུལ་ཁྱེད་ཀ་དང་དེ་བཞིན་རི་གསེབ་འདེབས་གསོ་ས་ཁུལ་དུ་རྒྱ་བསྐྱེད་པ། ཆུ་མའི་ས་ཞིང་སྟེང་དུ་འདེབས་གསོ་བྱེད་པ་སོགས་ཀྱི་བརྒྱུད་རིམ་ཁྲོད་དུ། ལག་རྩལ་གསར་པ་རབ་དང་རིམ་པ་བེད་སྤྱོད་བྱ་རྒྱུའི་ཚོད་ལྟའི་རྟེན་གཞི་འཛུགས་པ་དང་ཚོད་ལྟ་བྱས་པ་བརྒྱུད་ནས། སྔོན་དཔག་བྱེད་ཐབས་བྲལ་བའི་འགོག་རྐྱེན་གྲངས་མེད་པ་སེལ་ནས། བེད་སྤྱོད་བྱས་པའི་ལེགས་འགྲུབ་རང་བཞིན་དང་ཕན་འབྲས་རང་བཞིན་ཇེ་ཆེར་གཏོང་བར་འགན་ལེན་བྱེད་དགོས།

ས་བཅད་གཉིས་པ། སྲན་ནག་ལྗིད་རྒྱུག་སྣངས།

ཛས་སྦྱོར་ལྗིད་ནི་ཞིང་ས་ཚོད་ལྟ་དང་ཞིང་ཁའི་ཚོད་ལྟ་རྨང་གཞིར་བྱས་ཏེ། ལོ་ཏོག་ལ་ལྗིད་མཁོ་བའི་ཆོས་ཉིད་དང་ས་རྒྱུའི་ལྗིད་མཁོ་འདོན་གྱི་ནུས་པ། ལྗིད་ཀྱི་ཕན་ནུས་བཅས་ལ་གཞིགས་ནས། རྒྱུ་རྐྱེན་ཛས་ལྗིད་དང(ཡང་ན) བསྲེས་སྦྱོར་ལྗིད་ཛས་རྒྱུ་ཆ་བྱས་ཏེ། བསྲེས་སྦྱོར་རམ་ཡང་ན་འབྲུ་རྡོག་བཟོ་རྩལ་གྱིས་བཟོས་པའི་དམིགས་བསལ་ས་ཁོངས་དང་ལོ་ཏོག་ལ་འཚམ་པའི་ལྗིད་ཛས་ཡིན།

གཅིག ས་བབ་དམའ་བ་དང་ཆུ་མའི་ས་ཁུལ།

(གཅིག) ལྗིད་རྒྱུག་པའི་རྩ་དོན།

ཏན་ཞིན་ཊ་ལུགས་མཐུན་གྱིས་སྔེབ་སྒྲིག་བྱས་ཏེ་ཚན་རིག་དང་མཐུན་པའི་སྒོ་ནས་ལྗིད་རྒྱུག་དགོས་པ་དང་། འོས་འཚམ་སྒོས་ཏན་ལྗིད་རྒྱུག་དགོས།

(གཉིས) ལྗིད་རྒྱུག་པའི་གྲོས་གཞི།

ཐོན་ཚད་ཆུ་ཚད་ནི་མུའུ་རེར་སྟོང་ཁ400ཡན་ཡིན་ན། མུའུ་རེར་ཞིང་ཁྲིམ་

ལུད་སྙི་རྒྱ་དཔངས་གྲུ་བཞི4དང་ཏན་ལྷད་མེད་སྟོང་ཁེ2.3 ཡིན་ལྷད་མེད་སྟོང་ཁེ6.1རྒྱག་དགོས།

ཐོན་ཚད་ཆུ་ཚད་ནི་མུའུ་རེར་སྟོང་ཁེ300~400ཡིན་ན། མུའུ་རེར་ཞིང་ཁྲིམ་ལུད་སྙི་རྒྱ་དཔངས་གྲུ་བཞི4དང་ཏན་ལྷད་མེད་སྟོང་ཁེ1.9~2.3 ཡིན་ལྷད་མེད་ཁེ4.7~6.1བཅས་རྒྱག་དགོས།

ཐོན་ཚད་ཆུ་ཚད་མུའུ་རེར་སྟོང་ཁེ200~300ཡིན་ན། མུའུ་རེར་ཞིང་ཁྲིམ་ལུད་སྙི་རྒྱ་དཔངས་གྲུ་བཞི4དང་ཏན་ལྷད་མེད་སྟོང་ཁེ1.7~1.9 ཡིན་ལྷད་མེད་སྟོང་ཁེ3.4~4.7བཅས་རྒྱག་དགོས།

གལ་ཏེ35%ཡི་སྲུན་ནག་རིགས་ཀྱི་སྦྱོར་ལུད(ཏན་ལྷད་མེད14%དང་དབྱང་ལྕ་ཡིན་གཉིས16% དབྱང་འགྱུར་ཙྭ5%) བཀོལ་ན། མུའུ་རེར་སྤྱོད་ཚད་སྟོང་ཁེ20~35ཡིན་དགོས་པ་དང་ཚང་མ་གཏིང་ལུད་དུ་བཀོལ་དགོས། ས་གནས་སོ་སོའི་དངོས་ཡོད་གནས་ཚུལ་ལ་གཞིགས་ནས་ཡིན་ལུད་ཉུང་ཤས་རྒྱག་དགོས། སྟེང་ལུད་རྒྱག་སྟངས་ནི་ལུད་གཞན་པ་རྒྱག་ལུགས་དང་འདྲ་མཚུངས་ཡིན།

གཉིས། ཐན་སྐམ་རི་ཁྲུལ།

(གཅིག) ལུད་རྒྱག་པའི་རྩ་དོན།

ཏན་ཡིན་ཙྭ་ལུགས་མཐུན་གྱིས་སྟེབ་སྒྲིག་བྱས་ཏེ་ཚན་རིག་དང་མཐུན་པའི་སྒོ་ནས་ལུད་རྒྱག་དགོས་པ་དང་། འོས་འཚམ་གྱིས་ཏན་ལུད་རྒྱག་དགོས།

(གཉིས) ལུད་རྒྱག་པའི་གྲོས་གཞི།

ཐོན་ཚད་ཆུ་ཚད་ནི་མུའུ་རེར་སྟོང་ཁེ300ཡན་ཡིན་ན། མུའུ་རེར་ཞིང་ཁྲིམ་ལུད་སྙི་རྒྱ་དཔངས་གྲུ་བཞི་མ2དང་ཏན་ལྷད་མེད་སྟོང་ཁེ2.7 ཡིན་ལྷད་མེད་སྟོང་ཁེ4.9བཅས་རྒྱག་དགོས།

ཐོན་ཚད་ཆུ་ཚད་ནི་མུའུ་རེར་སྟོང་ཁེ200~300ཡིན་ན། མུའུ་རེར་ཞིང་ཁྲིམ་

ལུད་སྙི་རྒྱ་དཔངས་གྱ་བཞི་མ2དང་ཏན་ལྷད་མེད་སྟོང་ཁེ1.8~2.7 ཞིན་ལྷད་མེད་སྟོང་ཁེ3.5~4.9བཅས་རྒྱག་དགོས།

ཐོན་ཚད་ཆུ་ཚད་ནི་མུའུ་རེར་སྟོང་ཁེ150~200མན་ཆད་ཡིན་ན། མུའུ་རེར་ཞིང་ཁྲིམ་ལུད་སྙི་རྒྱ་དཔངས་གྱ་བཞི་མ2དང་ཏན་ལྷད་མེད་ཁེ1.8~3.4 ཞིན་ལྷད་མེད་སྟོང་ཁེ3.4~6.2བཅས་རྒྱག་དགོས།

གལ་ཏེ35%ཡི་སྲན་ནག་རིགས་ཀྱི་སྦྱོར་ལུད(ཏན་ལྷད་མེད14%དང་དབྱང་ལྔ་ཞིན་གཉིས16% དབྱང་འགྱུར་ཙྭ5%)བཀོལ་ན། མུའུ་རེར་སྤྱོད་ཚད་སྟོང་ཁེ20~30ཡིན་པ་དང་ཚང་མ་གཏིང་ལུད་དུ་བཀོལ་དགོས། ས་གནས་སོ་སོའི་དངོས་ཡོད་གནས་ཚུལ་ལ་གཞིགས་ནས་ཞིན་ལུད་ཙུང་ཤས་རྒྱག་དགོས། སྟེང་ལུད་རྒྱག་སྟངས་ནི་ལུད་གཞན་པ་རྒྱག་ལུགས་དང་འདྲ་མཚུངས་ཡིན།

ས་བཅད་གསུམ་པ། སྲན་ནག་ལས་སྐྱོན་དང་བེད་སྤྱོད།

གཅིག འབྲུ་རྫོག་སྲན་ནག་ལས་སྐྱོན་དང་བེད་སྤྱོད།

(གཅིག) ཞིབ་ཕྱེ།

སྲན་ནག་གི་སོན་ཤུན་དང་སྐྱེ་རྟེན་པོ་མ། སྐྱེ་རྩའི་སྦྱུ་གུ་བཤུས་ཏེ། སོ་སོར་ཕྱེར་འཐག་སྟེ་བཟའ་བཅའི་ཚོ་སྣའི་ཕྱེ་དང་སྐྱེ་རྟེན་པོ་མའི་ཕྱེ། སྐྱེ་རྩའི་སྦྱུ་གུའི་ཕྱེ་སོགས་བཟོ་ཐུབ། བཟའ་བྱའི་ཚོ་སྣའི་ཕྱེ་ནི་བག་ལེབ་མེན་པའོ་དང་འཚོ་བཅུད་ལྡན་པའི་ཟས་རིགས་ནང་གི་བཟའ་བྱའི་ཚོ་སྣའི་སྦྱོར་རྫར་སྤྱད་དེ། ཟས་རིགས་ཀྱི་སྟོས་སོབ་རང་བཞིན་ཇེ་ལེགས་སུ་གཏོང་བ་དང་མིའི་ལུས་ཕུང་གི་འཇུ་སྟོབས་ལ་སྐྱུལ་འདེད་གཏོང་བ་ཡིན། སྐྱེ་རྟེན་པོ་མའི་ཕྱེ་དང་སྐྱེ་རྩའི་སྦྱུ་གུའི་ཕྱེ་ནི་རང་བྱུང་གི་གཤེར་གཟུགས་འདྲེས་རྫས་ཡིན་ལ། ལའི་ཨེམ་སླུར་ཇེ་དྲག་ཏུ་གཏོང་བྱེད་ཡིན།

(གཉིས) ཉིང་འདུས་སྤྲི་དཀར།

སྤྲན་ནག་ཕྱེ་མར་འཐག་རྗེས་མཁའ་རླུང་གི་དབྱེ་འདེམ་འཕྲུལ་འཁོར་སྤྱད་དེ་ཕྱེ་རྩིང(གྲུབ་ཆ་གཙོ་བོ་སིང་ཕྱེ་ཡིན) དང་ཞིབ་ཕྱེ(60%ཡན་ནི་སྤྲི་དཀར་ཡིན) རུ་འབྱེད་དགོས། དེ་འཕྲོར་ཞིབ་ཕྱེpH9ཡི་རྗེ་ཐལ་ཞུ་ཁུའི་ནང་དུ་དཀྲུགས་ཏེ། ཆུའི་ནང་དུ་ཞུ་བའི་ཁག་དེ་ལེ་ཞེན་འཕྲུལ་འཁོར་གྱིས་འབྱེད་དགོས། སྐམ་རྫས་གཏོར་ན90%ཡན་གྱི་སྤྲན་ནག་གི་ཉིང་འདུས་སྤྲི་དཀར་འབྱུང་། ཞིབ་ཕྱེ་ནི་ཟས་རིགས་ཀྱི་དྲག་སྣོན་རྫས་ཆས་སུ་བཀོལ་ཆོག་པ་དང་། སྤྲི་དཀར་གྱི་འདུས་ཚད་དང་སྐྱེ་དངོས་ཀྱི་རིན་ཐང་ཇེ་མཐོར་གཏོང་ཐུབ།

(གསུམ) ཕིང་ཕྲ་མོ།

སྤྲན་ནག་གི་ཕིང་ཕྲ་མོ་ལས་སྣོན་བྱེད་པའི་ལས་རིམ་ལ་ཕྱེ་འཐག་པ་དང་བཙོ་བ། ཕྱེ་མ་འཚོར་བ། ཕྱེ་མ་ཟགས་པ་བཅས་ལས་རིམ་བཞི་ཚུད་ཡོད། ཐོག་མར་སྤྲན་ནག་ཕྱེ་མར་འཐག་དགོས་པ་དང་དེའི་འཕྲོར་བཙོ་བ་སྟེ། སྤྲན་ཕྱེ་དང་ཆུ་དྲོད་མོ(55℃) 1 : 1བསྡུར་ཚད་ལྟར་བསྲེས་ནས་དཀྲུགས་རྗེས། མྱུར་དུ་མཉམ་བསྲེས་རྫས་སོགས་ཆུ་ཁོལ་ནང་དུ་བླུགས་ནས་ལྷ་ཐོན་ན་བཙོས་ཕྱེར་འགྱུར་བ་ཡིན། དེ་ནས་ཤུགས་ཀྱིས་བཙོས་ཕྱེ་མཉེད་པ་དང་མཇུག་མཐར་ཕྱེ་མ་ཟགས་པའི་ལས་རིམ་བརྒྱུད་ནས་ཕིང་ཕྲ་མོ་ལས་སྣོན་བྱེད་པ་དང་། ལས་རིམ་ལྔ་ཚོགས་འདིས་ཐད་ཀར་ཕིང་ཕྲ་མོའི་ཞིབ་ཚགས་དང་སྤུས་ཚད་གཏན་ཁེལ་བྱེད་བཞིན་ཡོད།

གཉིས། ཚལ་སྤྱོད་སྤྲན་ནག་ལས་སྣོན་དང་བེད་སྤྱོད།

(གཅིག) སྤྲན་ནག་སྨུ་གུ།

སྤྲན་མའི་སྨུ་གུ་སྟེ་སྤྲན་ནག་གི་རྩ་བ་དོར་བའི་སྨུ་གུ་གསར་བ་ཡིན། སྤྲན་ནག་སྨུ་གུ་ཐོན་སྐྱེད་བྱེད་པར་ཆུས་གསོ་བ་དང་སྲ་གཟུགས་སྐྱེད་ལུགས་འདེབས་གསོ་བྱེད་པའི་ཐབས་གཉིས་ཡོད། སྨུ་གུ་འབུས་ཚད90%ཡན་གྱི་ས་བོན་འདེམ་

དགོས། སོན་རིགས་འདེབ་སྦྱོར་ནས་ཙ་ཚུགས་རིང་ཚད་ལ་ལི་སྨི1སྐྱེས་རྗེས། དྲོད་ཚད15℃ཡིན་དུས་ཕལ་ཆེར་ཉིན3དགོས་པ་དང་། དྲོད་ཚད20~24℃ཡིན་དུས་ཕལ་ཆེར་ཉིན2དགོས། དེ་ནས་མེ་ཏོག་བར་ལ་སྐྱེས་པའི་ལོ་མ4སྐྱེས་པར་ཉིན17~20འམ་ཡང་ན་ཉིན12~15དགོས་པས། སྐབས་དེར་བཟ་བསྡུ་བྱས་ཆོག

(གཉིས) ལྷགས་ཀྲིན་བཟོ་བ།

སྲན་ནག་གིས་ལྷགས་ཀྲིན་བཟོས་ན་ལྗང་མདོག་གི་གཉེར་ཇོག་སོན་རིགས་འདེམ་ན་བཟང་། ཐོག་མར་དྲོད་ཚད99℃ཆུ་ཁོལ་ནང་དུ་སྐར་མ2~3ལ་མཉེན་འགྱུར་བྱེད་པའམ་ཡང་ན་དྲོད་ཚད82℃ཆུ་ཁོལ་མའི་ནང་དུ་སྐར་མ4ལ་སྙི་འགྱུར་བྱས་ཏེ། ཕྱི་ཤུན་བཤུས་ནས་འབྲུ་ཇོག་ལེན་པ་དང་། དེ་ནས་ཆུ་འཁྱགས་ཀྱིས་སྲན་ནག་གི་འབྲུ་ཇོག་བཀྲུས་ཏེ། དྲོད་ཚད་མར་བབ་ནས32℃ལ་སླེབས་སུ་འཇུག་པ་དང་། དེ་འཁོར་ཚྭ་ཆུའི་ནང་དུ་རིམ་པ་དབྱེ་ནས་ཤོག་སྐམ་ཐོག་མ་འཇུག་དགོས། དུས་མཚུངས་སུ2.5%ཡི་གཙང་བསྲུར་ཚྭའི་ཞུ་ཁུའི་ནང་བླུགས་རྗེས། ཡང་བསྐྱར་འོས་འཚམ་གྱི་ཀ་ར་བླུགས་ནས་ཁ་ཁེབས་རྒྱག་དགོས།

(གསུམ) སོན་འབྲུ་སོས་པ་དང་གང་བུ་སོས་པ་མྱུར་འཁྱགས་བྱེད་པ།

སྲན་ནག་མྱུར་འཁྱགས་བཟོ་ཙལ་གྱི་བརྒྱུད་རིམ་ནི། རྒྱུ་ཆ་ཕྱིར་འདོན་པ་དང་བཀྲུས་ནས་ཤུན་པགས་འདོར་བ། གཏུབ་པ་དང་ཚ་བཟོ། གྲང་བཟོ་དང་སྐམ་པ། མྱུར་འཁྱགས་དང་ཐུམ་སྒྲིལ་བཅས་ཡིན། འདིའི་གནད་འགག་ལག་ཙལ་གྱི་ལྟ་ཚོགས་ནི་ཚ་བཟོ་དང་གྲང་བཟོ། མྱུར་འཁྱགས་བཅས་ཡིན་ལ། ཚ་བཟོ་ནི་ལེགས་སྒྲིག་བྱས་ཟིན་པའི་རྒྱུ་ཆ་ཆུ་ཁོལ་གྱི་ནང་དང་རླངས་པའི་ནང་དུ་བཞག་ནས་དུས་ཚོད་འོས་འཚམ་ཞིག་ལ་ཚ་སྣོན་བྱས་ན། རྒྱུ་ཆའི་ནང་གི་དབྱང་འགྱུར་ཙབས་དང་དབྱང་བཀལ་ཙབས། གཞན་པའི་ཙབས་སོགས་ལ་གཏོར་བརླག་ཐེབས་ཏེ་སྐྱེ་དངོས་ཕྲ་རབ་གསོད་པ་དང་། སྔར་ཡོད་ཀྱི་ཁ་དོག་སྲུང་འཛིན་བྱེད་པ་ཡིན།

དུས་མཚུངས་སུ་ཕྲ་ཕུང་ཕུང་གྲུབ་ནང་གི་རླུང་གཟུགས་སྣ་ཚོགས(ལྷག་པར་དབྱང་དབུགས)མེད་པར་བཟོས་ན། འཚོ་བཅུད་རིགས་ཀྱི་བཅུད་རྩི་ཉར་ཚགས་བྱེད་པར་ཕན་པ་དང་ཚི་སྣའི་ཕུང་གྲུབ་མཉེན་སྐྱུར་བྱེད་པར་མ་ཟད། ཁ་ཚ་བ་དང་ཁ་བསྐ་བའི་དྲི་ངན་སོགས་མེད་པར་བཟོ་ཐུབ། ཚ་བཟོ་བྱེད་པའི་གནད་འགག་ནི་ཚ་བསྐྱུར་བྱེད་པའི་དྲོད་ཚད་དང་དུས་ཚོད་ཀྱི་ཚོད་འཛིན་ཡིན། སྤྱིར་བཏང་དུ95~100℃ཆུ་ཁོལ་གྱི་ནང་དུ་སྐར་མ2ཙམ་ལ་ཚ་བཟོ་བྱེད་པ་དང་། ཚ་བཟོ་བྱེད་ཐབས་ལ་ཆུ་ཚ་མོའི་ཚ་བཟོ་བྱེད་ཐབས་དང་རླངས་པའི་ཚ་བཟོ་བྱེད་ཐབས། རླབས་ཕྲན་གྱི་ཚ་བཟོ་བྱེད་ཐབས། དམར་ཕྱིའི་འོད་ཟེར་གྱི་ཚ་བཟོ་བྱེད་ཐབས་སོགས་ཡོད། ཚ་བཟོ་བྱས་རྗེས་མྱུར་དུ་གྲང་མོ་བཟོ་བ་དང་། དྲོད་ཚད10℃མན་དུ་ཚོད་འཛིན་བྱས་ཏེ་རྩབས་རིགས་ཡང་བསྐྱར་གནོད་འགྱུར་འབྱུང་བར་གཡོལ་བ་དང་། སྐྱེ་དངོས་ཕྲ་རབ་འཁོར་ཆེན་སྐྱེ་འཕེལ་དང་བསྐྱར་དུ་སྦགས་བཙོག་མི་ཡོང་བར་བྱེད་དགོས། རྒྱུན་སྤྱོད་ཀྱི་ཐབས་ལ་ཆུ་འཁྱགས་གྲང་བཟོ་དང་བརླན་གཤེར་གྲང་བཟོ། འཁྱགས་ཆུའི་གྲང་བཟོ། མཁའ་རླུང་གྲང་བཟོ་སོགས་ཡོད།

ལེའུ་བཞི་པ། ཕྲན་ནག་གི་ནད་འབྲུའི་གནོད་སྐྱོན་འགོག་བཅོས།

ས་བཅད་དང་པོ། ཕྲན་ནག་གི་ནད་སྐྱོན་གཙོ་བོའི་འགོག་བཅོས།

ཕྲན་ནག་གི་ནད་སྐྱོན་ལ་སྨར་སྲིན་རིགས་ཀྱི་ནད་སྐྱོན་དང་འབུ་ཕྲའི་རིགས་ཀྱི་ནད་སྐྱོན། ནད་དུག་རིགས་ཀྱི་ནད་སྐྱོན་བཅས་རིགས་གསུམ་ཡོད། སྨར་སྲིན་རིགས་ཀྱི་ནད་སྐྱོན་ནི་ཆེས་ཡོངས་ཁྱབ་དང་ཆེས་ཚབས་ཆེ་བའི་ནད་སྐྱོན་ཞིག་ཡིན་ལ། འདིར་ནད་ཀྱི་འབུ་ཕྲའི་རིགས20ལྷག་ཡོད། འབུ་ཕྲ་དང་ནད་དུག་ནད་སྐྱོན་གྱི་རིགས་སྣ་ཉུང་ཙམ་ཞིག་གནོད་པ་ཉུང་ཆུང་། གཤམ་དུ་གཙོ་བོར་སྨར་སྲིན་རིགས་ཀྱི་ནད་སྐྱོན་ངོ་སྤྲོད་བྱ་རྒྱུ་ཡིན།

ཕྲན་ནག་གི་སྨར་སྲིན་རིགས་ཀྱི་ནད་སྐྱོན་ལ་རིགས་སྣ་མང་བ་དང་། ཏ་ལམ་རྩ་བ་དང་ལོ་མའི་ནད་སྐྱོན་རིགས་ཆེན་པོ་གཉིས་སུ་དབྱེ་ཡོད།

གཅིག སི་ཐུམ་རྩ་བ་རུལ་རྨ་དང་རྩ་རུལ་ནད།

སི་ཐུམ་རྩ་བ་རུལ་རྨ་དང་རྩ་རུལ་ནད་ལ་དཀྱུས་མ་རྩ་རུལ་ཡང་ཟེར་ཞིང་། འདི་ནི་ཕྲན་ནག་ལ་རྩ་བརྙག་རང་བཞིན་ཐེབས་པའི་ནད་སྐྱོན་གྱི་གྲས་ཤིག་ཡིན། མཚོ་སྔོན་གྱི་ཕྲན་ནག་འདེབས་ཁུལ་དུ་ནད་འདི་རིགས་འབྱུང་ཚད་ཉུང་ཚབས་ཆེ་བ་དང་། ནད་ཀང་གི་རྩ་བ་སྐམ་པོའི་ལྤིད་ཚད་རྒྱུན་གཏན་གྱི་སྟོང་ཀང་ལས56.8%

ཧེ་ཡང་དུ་འགྲོ་བ་དང་ཡུག་ལེབ་སྐོས་ཤི་སྐམ་དུ་འགྲོ་བའི་ས་ཞིང་གིས20%~30%ཟིན་ཞིང་། ནད་གཞིའི་སྟོན་གྲངས84.4%ཟིན་པས། ཐོན་ཚད་ཧ་ཅང་དམའ་བའམ་ཡང་ན་སྐྱེ་དངོས་གཞན་པ་མི་འདེབས་ཀ་མེད་ཀྱི་སྣང་ཚུལ་ཡང་ཡོད། སི་ཐྲུམ་རྩ་བ་རུལ་ནྲམ་སྲིན་ནི་ཡུལ་སྐྱེས་འབུ་སྲ་ཡིན་ལ། ས་རྒྱུ་དང་ནད་རོ། ས་བོན་བཅས་བརྒྱུད་ནས་མཆེད་པ་དང་། སྲན་ནག་སྐྱེ་བར་འཚམ་པའི་དྲོད་ཚད་ཀྱི་ཁྱབ་ཁོངས་ཡོངས་ལ་གནོད་འཚེ་བཟོ་ཐུབ་པས་འགོས་གཤིས་ཧ་ཅང་ཆེ་བའི་སྲིན་རིགས་ཡིན། ནད་འདི་སྲན་ནག་གི་སྐྱེ་འཚར་དུས་རིམ་ཡོངས་ལ་འབྱུང་སྲིད་ཅིང་། མེ་ཏོག་བཞད་པའི་དུས་སུ་འགོ་ཚད་མཐོ་ལ། རྩ་བ་གཙོ་བོ་དང་འཕྲེད་རྒྱུག་རྩ་བར་ནད་འགོས་པ་དང་། ནད་ཕང་འོག་རིམ་གྱི་ལོ་མ་སྔོན་ལ་སེར་པོར་གྱུར་ནས་རིམ་བཞིན་གོང་དུ་འཕེལ་ཞིང་སྡོང་ཕང་ཡོངས་སྐམ་པོར་འགྱུར་བ་ཡིན། རྩ་བ་གཙོ་བོ་དང་གཞོགས་སྐྱེས་རྩ་བའི་ཆ་ཤས་ནག་པོར་འགྱུར་བ་དང་། རྩ་རྫོག་དང་རྩ་བའི་སྤྱུ་ཚོམ་མངོན་གསལ་གྱིས་ཧེ་ཉུང་དུ་འགྲོ། ནད་ཚུང་ཡང་ན་སྡོང་ཕང་ཐུང་བ་དང་གཞུང་རྐ་སྲ་བ། ལོ་མ་ཆུང་བ། གང་བུ་ཉུང་བ། འབྲུ་རྫོག་སྟོང་བ། སྤུས་ཀ་ཞན་པ་སོགས་ཀྱི་སྣང་ཚུལ་འབྱུང་། ནད་ཐོག་པ་ཡིན་ན་རྩ་བར་གོང་པོར་གྱུར་ནས་སྨུག་མདོག་དང་"སྐྲེད་པ་སྲ་མོའི"གཟུགས་དབྱིབས་མངོན། མེ་ཏོག་བཞད་རྗེས་འཕོར་ཆེན་སྐམ་ཤིར་འགྲོ་བ་དང་འབྲུ་རྫོག་བསྡུ་རྒྱུ་མེད། སི་ཐྲུམ་རྩ་བ་རུལ་ནྲམ་དང་རྩ་རུལ་ནད་ནི་དྲོད་ཚད24~33℃བར་གྱི་ཁྱབ་ཁོངས་སུ་ཤིན་ཏུ་འབྱུང་སླ་ཞིང་། ཁྱིར་བཏང་དུ་ཐན་སྐམ་ཆེ་བའི་ལོ་ལ་ནད་གཞི་ལྷི་བ་དང་། རེས་འདེབས་དུས་འཁོར་ཧེ་ལྟར་ཐུང་ན་ནད་གཞི་དེ་ལྟར་ལྷི།

སི་ཐྲུམ་རྩ་བ་རུལ་ནྲམ་དང་རྩ་རུལ་ནད་བྱུང་ཚད་ཀྱི་ཚབས་ཆེན་རིམ་པ་བཞི་རུ་དབྱེ་ཡོད་དེ། རིམ་པ0ནི། སྡོང་རྐང་སྐྱེ་འཚར་རྒྱུན་ལྡན་ཡིན་པ་དང་། ས་ངོས་དང་ས་འོག་ཏུ་ནད་རྟགས་མེད། རིམ་པ1ནི། རྩ་བའི་ནད་ཐིག་ཙུང་ཉུང་ཞིང་སྡོང་

པོ་དང་ལོ་མ་ཉུང་ཤས་སེར་པོར་འགྱུར་བ། རིམ་པ2ནི། རྩ་བའི་ནད་ཐིག་ཉུང་མང་ཞིང2/3གྱི་རྩ་ལག་རུལ་བ་དང་སྡོང་པོ་རྡིལ་པོ་རྙིད་པ། འོག་རིམ་གྱི་ལོ་མ་སེར་པོར་འགྱུར་བ། རིམ་པ3ནི། 4/5ཡི་རྩ་བ་རུལ་བ་དང་རྩ་བ་གཙོ་བོ་ཁམ་མདོག་ཡིན་ཞིང་ས་ངོས་ཀྱི་ཆ་ཤོས་སྐམ་ནས་ཤི་བ།

སི་ཐུམ་རྩ་བ་རུལ་རྣམ་དང་རྩ་རུལ་ནད་འགོག་བཅོས་བྱེད་པ་གཙོ་བོར་ནད་འགོག་རང་བཞིན་གྱི་སོན་རིགས་འགོག་པ་དང་ལུགས་མཐུན་ངང་རེས་འདེབས་བྱེད་པ། སྨན་རྫས་སྤྱད་ནས་ཐག་གཅོད་བྱེད་པ་སོགས་ཀྱི་ཐབས་ཤེས་སྤྱོད་དགོས། སྤྱིར་བཏང་དུ་ཏི་ཁེ་སུང་དང་ཏུའོ་ཉུན་ལིང་། ཁེ་པིན་ལིང་སོགས་འབུ་སྲ་གསོད་སྨན་སྤྱད་དེ་ས་རྒྱུ་གཙང་སེལ་དང་སོན་བསྲེས་རྒྱག་པ། ལོ་མའི་ངོས་སུ་གཏོར་བ། རྩ་བར་གཏོར་བ་སོགས་ཀྱི་བྱེད་ཐབས་སྤྱོད་བཞིན་ཡོད་མོད། འོན་ཀྱང་སྨན་རྫས་འགོག་བཅོས་ཀྱི་ཕན་འབྲས་མངོན་གསལ་མིན་པར་མ་ཟད། མ་དངུལ་གཏོང་ཚད་མཐོ་དྲགས་པས་བེད་སྤྱོད་རྒྱ་ཁྱོན་ཇེ་ཆུང་དུ་འགྲོ་བཞིན་ཡོད། དེ་བས། སོན་རིགས་ནས་མགོ་བཙུགས་ཏེ་ནད་འགོག་རང་བཞིན་བཟང་བའི་སོན་རིགས་འདེམ་དགོས་པ་དང་། ལུགས་མཐུན་གྱི་རེས་འདེབས་ལམ་ལུགས་འཛུགས་པ་ནི་སྲན་ནག་གི་སི་ཐུམ་རྩ་བ་རུལ་རྣམ་དང་རྩ་རུལ་ནད་འགོག་བཅོས་བྱས་ཏེ། སྲན་ནག་ཐོན་ཚད་དང་སྤུས་ཚད་ཇེ་མཐོར་གཏོང་བར་ཆེས་ཐད་ཀར་དང་ཆེས་ཕན་ནུས་ལྡན་པའི་བྱེད་ཐབས་ཤིག་ཡིན།

གཉིས། ཕྱེ་དཀར་ནད།

སྲན་ནག་གི་ཕྱེ་དཀར་ནད་ཀྱི་ཁྱབ་ཁྱ་ཆེ་ཞིང་། རང་རེའི་ཞིང་ཆེན་གྱི་སྲུང་སྐྱོང་ས་ཁུལ་གྱི་སྲན་ནག་འདེབས་གསོ་བྱེད་པའི་ཁྲོད་དུ་ནད་འབྱུང་ཚད་ཉུང་ཡོངས་ཁྱབ་ཡིན། ནད་དེའི་ནད་གཞི་ནི་ཕྱེ་དཀར་འབུ་སྲ་ཡིན་ཞིང་། ནད་ལྡན་སྡོང་ཀང་གི་ནད་རོའི་སྟེང་དུ་གཞན་བརྟེན་བྱས་ནས་རྩ་ལྗུམ་སྟེང་དུ་དགུན་བརྒལ་བྱེད་པ་

དང་། ས་བོན་སྙིང་དུ་འབུ་ཕྲ་འགོས་པའང་ཡོད། རླུང་དང་མཁའ་རླུང་འཕོར་རྒྱུག་བརྒྱུད་ནས་ནད་སྐྱོན་ཁྱབ་པར་བྱེད། རང་ཞིང་གི་ཉིན་མཚན་གྱི་དྲོད་ཚད་ཁྱད་པར་ཆེ་ལ། དྲོད་ཚད་མཐོ་བ་དང་ཐན་པ་ཆེ་བའི་དུས་སུ། མཚན་མོར་བསིལ་ཞིང་ཟིལ་བ་ཡོད་པས་ནད་འབྱུང་སླ། འཕྲི་འདེབས་བྱས་པའི་དུས་མཇུག་ཏུ་དྲོད་ཚད་མཐོ་བའམ་ཡང་ན་སྐྱེ་འཚར་གྱི་ས་རྒྱུའི་བརླན་ཚད་ཆེ་དྲགས་པའི་འདམ་ར་དམའ་བའི་ས་ཁུལ་དུ་ནད་ཕོག་ཚབས་མཐོ། སྤུང་སྐྱོང་ཁུལ་གྱི་འདེབས་འཛུགས་ཁང་བའི་ནང་གི་དྲོད་ཚད་མཐོ་བ་དང་བརླན་གཤེར་ཆེ་བ། ཚ་བ་ཆེ་བའི་ཆ་རྐྱེན་འོག་ཏུ་ནད་འབྱུང་སླ་བ་ཡིན། སྲན་ནག་གི་ཕྱེ་དཀར་འབུ་ཕྲས་སྡོང་རྐང་གི་ས་ངོས་ཁག་ལ་གནོད་འཚེ་ཐེབས་པ་དང་། ཐོག་མར་སྐྱེས་པའི་ལོ་མ་དང་གཞུང་རྩའི་སྙིང་དུ་ཕྱེ་མ་དཀར་པོའི་དབྱིབས་ཀྱི་རྡུལ་ཐིག་འབྱུང་ཞིང་། དེའི་འཕྲོར་ཡུག་གཅིག་སྡོང་རྐང་རྡིལ་པོར་ཁྱབ་ནས། ལོ་མར་རླམ་ཁྱེར་བ་དང་སེར་པོར་གྱུར་ནས་སར་ལྷུང་བ་དང་། སྡོང་རྐང་གི་འོད་སྒྱུར་ནུས་པ་དང་དབུགས་འབྱིན་ནུས་པ་ཇེ་ཞན་དུ་སོང་ནས། འབྲས་བུ་དང་འབྲུ་རྫོག་ཇེ་ཆུང་དུ་འགྲོ་བར་མ་ཟད། ཕྱུས་ཀ་དང་ཐོ་བ་ལ་ཤུགས་རྐྱེན་ཐེབས་པ་ཡིན།

(གཅིག) ནད་འབྱུང་བའི་ནད་རྟགས།

ནད་འབྱུང་བའི་ཐོག་མའི་དུས་སུ་ལོ་མའི་ངོས་སུ་སེར་སྐྱའི་ཐིག་ལེ་ཡོད་པ་དང་། རྒྱ་ཇེ་ཆེར་སོང་བ་དང་བསྟུན་ནས་དབྱིབས་ངེས་མེད་ཀྱི་ཕྱེ་ཐིག་ཏུ་འགྱུར་བ་ཡིན། ཚབས་ཆེ་བའི་དུས་སུ་ལོ་མའི་རྒྱབ་ཕྱོགས་སུ་དཀར་ཕྱེ་རིམ་པ་ཞིག་བཀབ་ནས་མཇུག་མཐར་སེར་པོར་གྱུར་ནས་ཤི་འགྲོ། ནད་འབྱུང་བའི་དུས་མཇུག་ཏུ་ཕྱེ་ཐིག་ཐལ་མདོག་ཏུ་འགྱུར་བར་མ་ཟད་ནག་ཐིག་ཆུང་དུ་མང་པོ་འབྱུང་།

སྲན་ནག་གི་ཕྱེ་དཀར་ནད་ཀྱི་ཚབས་ཆེ་ཆུང་ལ་རིམ་པ་ལྔ་ཡོད་དེ། རིམ་པ0ནི། སྡོང་རྐང་སྙིང་དུ་ནད་མེད། རིམ་པ1ནི། སྡོང་རྐང་རེ་འགའི་ལོ་མའི་སྙིང་དུ་ནད་ཐིག་འབྱུང་བ། རིམ་པ2ནི། སྡོང་རྐང1/2ལོ་མའི་སྙིང་དུ་ནད་ཐིག་འབྱུང་བ། རིམ་

པ3ནི། སྡོང་ཀར2/3ལོ་མའི་སྟེང་དུ་ནད་ཐིག་འབྱུང་བ། རིམ་པ4ནི། སྡོང་ཀར3/4ལོ་མའི་སྟེང་དུ་ནད་ཐིག་འབྱུང་བ།

(གཉིས) འགོག་བཅོས་བྱ་ཐབས།

ནད་འགོག་ཐུབ་པའི་སོན་རིགས་འདེམ་དགོས། ནད་ཐོག་པའི་ཐོག་མའི་དུས་སུ25%ཡི་ཟླུན་ཞིའུ་ཉིན་བརྙན་གཤེར་རང་བཞིན་གྱི་སྨན་ཕྱེ་པའི་ཡིས2000~3000དང་། ཡང་ན70%ཡི་ཅ་ཅི་ཐའོ་ཕུའུ་ཅིན་བརྙན་གཤེར་རང་བཞིན་གྱི་སྨན་ཕྱེ་པའི་ཡིས1000 ཡང་ན50%ཡི་ཧུའོ་ཙུན་ལིང་བརྙན་གཤེར་རང་བཞིན་གྱི་སྨན་ཕྱེ་པའི་ཡིས500དང50%ཡི་ལིའུ་ཧོང་གཡིང་རྫས་པའི་ཡིས200~300 ཡང་ན་པོ་མེ་ཧུའུ0.2~0.3གྱི་རྡོ་ལྷུ་ཟི་སྦྱོར་རྫས་སོགས་གཏོར་ནས་འགོག་བཅོས་བྱེད་དགོས། ཉིན10~20ཐེངས1དང་བསྟུད་མར་ཐེངས2~3ལ་གཏོར་དགོས། ཞིང་ལས་ཀྱི་བྱེད་ཐབས་སྤྱད་དེ། ཞིང་ཁའི་བརྙན་ཚད་ཇི་དམའ་དུ་གཏོང་བ་སོགས་ཀྱི་བྱེད་ཐབས་སྤྱད་ནས་འགོག་བཅོས་བྱེད་དགོས།

གསུམ། སད་ནད།

སྲིན་མའི་རིགས་ཀྱི་རྒྱ་སྲིན་དང་སྲིན་ནག་གཉིས་ལ་འགོས་སླ་བ་དང་ཁྱབ་རྒྱ་ཆེ་ཡང་། གནོད་པ་ཙུང་ཚབས་ཆེན་མིན། ནད་འདིའི་ནད་གཞི་ནི་སད་རྣམ་འབུ་ཕྲ་ཡིན་ལ། ས་རྒྱུ་དང་ནད་སྡོང་གི་ནད་རོའི་སྟེང་དུ་དགུན་བརྒལ་བྱེད་པ་དང་། ས་བོན་སྟེང་དུ་འབུ་ཕྲ་འགོས་པའི་སྣང་ཚུལ་ཡང་ཡོད། བརྙན་ཚད་ཆེ་བ(90%ཡན་གྱི་ལྗོས་བཅས་བརྙན་ཚད)དང་དྲོད་ཚད་དམའ་བའི(4~8℃)ཁོར་ཡུག་འོག་ཏུ་ནད་འབྱུང་སླ། སྲིན་རྣམ་འབུ་ཕྲ་ཡིས་སྡོང་ཀར་ལ་གནོད་འཚེ་གཏོང་བ་དང་། ལོ་མའི་ཕྱི་ངོས་ཀྱི་མདོག་ལྗང་སྐྱ་ནས་ཁམ་མདོག་ཏུ་འགྱུར་ཞིང་། ལོ་མའི་རྒྱབ་ངོས་སུ་ཁུ་ལུའི་དབྱིབས་ཀྱི་སྐྱ་མདོག་གི་སད་རྣམ་རིམ་པ་ཞིག་འབྱུང་། མེ་ཏོག་གི་བང་རིམ་དང་སྨུ་འབྲིལ་ལའང་གནོད་འཚེ་ཐེབས་ཏེ། བརྙན་ཚད་ཆེ་དུས་ནད་སྲིན་མང་དུ

འཕེལ་ནས། གང་བྱུར་གནོད་འཚེ་ཐེབས་ཏེ་སེར་པོ་ནས་ཁམ་མདོག་ཏུ་འགྱུར་བ་དང་ལྷུ་བ་འབྱུང་། གནོད་འཚེ་ཐེབས་པའི་དུས་ཡུན་རིང་ན། སྡོང་ཁང་གི་སྐྱི་འཚར་ཞན་ཞིང་གཟུགས་ཐུང་ལ་ནད་འབུ་སྡོང་ཁང་ཡོངས་ལ་ཁྱབ་ཅིང་། མེ་ཏོག་མ་བཞད་སྔོན་ལ་སེར་པོར་འགྱུར་བ་ཡིན། གནོད་འཚེ་ཐེབས་པའི་དུས་ཡུན་འཕྱི་ན། སྡོང་ཁང་གི་གོང་རིམ་ལ་ནད་བྱུང་ནས་སེར་པོར་འགྱུར་བ་ཡིན།

སྨན་ནག་སད་ནད་ཀྱི་ཚབས་ཆེ་ཆུང་ལ་རིམ་པ་ལྔ་ཡོད་དེ། རིམ་པ0ནི། སྡོང་ཁང་སྟེང་དུ་ནད་མེད། རིམ་པ1ནི། སྡོང་ཁང་གི1/3མན་གྱི་ལོ་མའི་སྟེང་དུ་ནད་འབྱུང་བ། རིམ་པ2ནི། སྡོང་ཁང་གི1/3མན་གྱི་ལོ་མའི་སྟེང་དུ་ནད་འབྱུང་བ་དང་། ཐོར་འགྱུར་ཅན་གྱི་ནད་ཀྱི་ཐིག་ལེ་ཉུང་ཙམ་ཡོད་ལ་ལོ་མའི་རྒྱ་ཁྱོན་གྱི5%ལས་མེད། རིམ་པ3ནི། སྡོང་ཁང་གི་ལོ་མ་ཡོངས་ཀྱི་སྟེང་དུ་ནད་འབྱུང་བ་དང་མང་ཆེ་བར་ཐོར་འགྱུར་ཅན་གྱི་ནད་ཀྱི་ཁྲ་ཐིག་འབྱུང་ཞིང་། ལོ་མའི་རྒྱ་ཁྱོན་གྱི6%~10%ཟིན་པ་དང་། རྨང་གཞིའི་ལོ་མ་ཁ་ཤས་སེར་པོར་འགྱུར་བ། རིམ་པ4ནི། སྡོང་ཁང་གི་ལོ་མ་ཡོངས་ཀྱི་སྟེང་དུ་ནད་འབྱུང་བ་དང་ནད་ཀྱི་ཁྲ་ཐིག་ཁྱབ་འགྲེད་ཅན་ཡིན་ལ། ལོ་མའི་རྒྱ་ཁྱོན་གྱི10%ཡན་ཟིན་པ་དང་ཡུག་ལེབ་སྟེང་དུ་སད་རྒྱག་པ། གཞུང་རྟའི་སྟེང་གི་ལོ་མ་སེར་པོར་འགྱུར་བ་བཅས་ཡིན། འགོག་བཅོས་བྱེད་ཐབས་ནི། ནད་འགོག་ཐུབ་པའི་སོན་རིགས་འདེམ་དགོས། ཡལ་ག་རྙིང་ཧྲུལ་དང་ལོ་མ་རུལ་བ་གཙང་སེལ་བྱས་ནས་དེ་མེར་སྲེག་དགོས། ཟབ་རྨོ་དང་ལུགས་མཐུན་སྒོས་རེས་འདེབས་བྱེད་པ། 70%ཡི་ཙ་ཅི་ཐོ་པོ་ཅིན་བཀྲན་གཤེར་རང་བཞིན་གྱི་ཕྱེ་རྫས་པའི་ཡིས1000དང་། ཡང་ན50%ཡི་ཏུའོ་ཙུན་ལིང་གི་བཀྲན་གཤེར་རང་བཞིན་གྱི་ཕྱེ་རྫས་པའི་ཡིས500 50%ཡི་ལིའུ་ཧྲོང་འཕྱོ་གཡེང་སྨན་རྫས་པའི་ཡིས200~300དང་ཡང་ན་པོ་མེ་ཏུའུ0.2~0.3གྱི་རྡོ་ཟེ་འདྲེས་རྫས་སོགས་གཏོར་ནས་འགོག་བཅོས་བྱེད་དགོས། ཉིན10~20ཐེངས1དང་བསྟུད་མར་ཐེངས2~3ལ་གཏོར་དགོས། ཞིང་ལས་

ཀྱི་བྱེད་ཐབས་སྤྱད་དེ་ཞིང་ཁའི་བརྟན་ཚད་ཇེ་དམའ་རུ་གཏོང་བ་སོགས་ཀྱི་བྱེད་ཐབས་སྤྱད་ནས་འགོག་བཅོས་བྱེད་དགོས།

བཞི། ཁམ་བྲའི་ནད།

(གཅིག) ནད་འབྱུང་བའི་ནད་རྟགས།

ཁམ་བྲའི་ནད་ཀྱིས་གཙོ་བོ་ལོ་མ་དང་གཞུང་རྩ། གང་བུ་བཅས་ལ་གནོད་འཚེ་ཐེབས་པ་ཡིན། ལོ་མར་འགོས་པའི་ནད་རྟགས་ནི་དབྱིབས་ངེས་མེད་ཀྱི་སྨུག་སྐྱའི་བྲ་ཐིག་ཆུང་ངུ་འབྱུང་བ་དང་། དྲོད་ཚད་མཐོ་ཞིང་བརྟན་གཤེར་ཆེ་བའི་ཆ་རྐྱེན་འོག་ཏུ་ནད་ཐིག་མྱུར་དུ་ཁྱབ་ཅིང་ལོ་མ་རྡིལ་པོར་ཁྱབ་པ་དང་། དེའི་འཕྲོར་ནད་ལྡན་ལོ་མ་སེར་པོར་གྱུར་ནས་སྐམ་ཞིང་ཤི་བ་ཡིན། ལ་ལའི་སྟེང་དུ་ཁམ་ནག་དང་དབྱིབས་ངེས་མེད་ཀྱི་འཁོར་ལོའི་ཐིག་ལེ་ཆགས་ཤིང་། དཀྱིལ་གྱི་ཤི་སྐམ་གནས་སུ་ནག་ཐིག་ཆུང་ངུ་འབྱུང་། ནད་གཞི་འབྱུང་བའི་རྒྱུ་རྐྱེན་གཙོ་བོ་ནི་ནད་སྲིན་ས་བོན་གྱི་སྟེང་དུ་དགུན་བཀལ་བྱས་ཏེ་ཆར་རླུང་བརྒྱུད་ནས་མཆེད་པ་ཡིན། སོན་འདེབས་སྔ་དྲགས་པའམ་ཡང་ན་དྲོད་ཚད་དམའ་བའི་གྲང་ངར་གྱི་གནོད་འཚེ་ཐོག་པ་དང་། ས་རྒྱུའི་འབྱར་བག་ཆེ་དྲགས་པ་དང་བརྟན་ཚད་མཐོ་བའམ་ཡང་ན་ཏན་ལུད་རྒྱག་ཚད་མང་བ་དང་སྡོང་ཤང་གི་སྐྱེ་འཚར་རྒྱས་དྲགས་པའི་སྐབས་སུ་ནད་འབྱུང་སླ།

(གཉིས) ཞིང་ལས་འགོག་བཅོས།

ནད་ཚབས་ཆེ་བའི་ཞིང་ཁ་དང་སྣུན་རིགས་མིན་པའི་སྟོ་ཚལ་གཉིས་ལོ2~3ལ་རེས་འདེབས་བྱེད་པ་དང་། དུས་མཚུངས་སུ་ས་བོན་ལ་དུག་སེལ་བྱེད་དགོས་ཤིང་། ཆུ་འཁྱགས་པའི་ནང་དུ་ཆུ་ཚོད4~5སྦངས་རྗེས། དྲོད་ཚད50℃ཡིན་པའི་ཆུ་དྲོན་མོའི་ནང་དུ་བཞག་ནས་སྐར་མ5སྦངས་རྗེས། གྲང་བཟོ་དང་བསིལ་སྐམ་བྱས་མཐར་སྨོ་འདེབས་བྱེད་དགོས། འོས་འཚམ་སྒོས་མཐུག་འདེབས་བྱས་ཏེ་ཀླ་ལུད་ཁ་སྣོན་རྒྱག་དགོས།

(གསུམ) སྨན་རྫས་འགོག་བཅོས།

ནད་ཐོག་པའི་ཐོག་མའི་དུས་སུ50%ཕུན་ཅུན་ལིང་གི་བཀྲན་གཤེར་རང་བཞིན་གྱི་ཕྱེ་རྫས་ཀྱི་དཔྱང་གཡེང་གཤེར་ཁུ་པའི་ཡེས800གཏོར་བ་དང་། 70%ཙ་ཅི་ཐུའོ་ཕུའུ་ཅིན་བཀྲན་གཤེར་རང་བཞིན་གྱི་སྨན་ཕྱེ་པའི་ཡེས500 75%པའི་ཅུན་ཆིན་བཀྲན་གཤེར་རང་བཞིན་གྱི་སྨན་ཕྱེ་པའི་ཡེས600གཏོར་དགོས། ཉིན7རེ་བཞག་སྟེ་ཐེངས1ལ་གཏོར་བ་དང་བསྟུད་མར་ཐེངས2~3ལ་གཏོར་དགོས།

ལྔ། ཁམ་རིས་ནད།

(གཅིག) ནད་འབྱུང་བའི་ནད་རྟགས།

གཙོ་བོར་ལོ་མ་དང་གཞུང་རྒྱ། གང་བུ་བཅས་ལ་གནོད་འཚེ་གཏོང་བ་ཡིན། ལོ་མར་འགོས་པའི་ནད་རྟགས་ནི་དབྱིབས་ངེས་མེད་ཀྱི་སྨུག་སྐྱའི་ཁྲ་ཐིག་ཆུང་ངུ་འབྱུང་བ་དང་། དྲོད་ཚད་མཐོ་ཞིང་བརླན་གཤེར་ཆེ་བའི་ཆ་རྐྱེན་འོག་ཏུ་ནད་ཐིག་མྱུར་དུ་ཁྱབ་ཅིང་ལོ་མ་རྩིལ་པོར་ཁྱབ་པ་དང་། དེའི་འཁོར་ནད་ལྡན་ལོ་མ་སེར་པོར་གྱུར་ནས་སྐམ་ཞིང་ཤི་བ་ཡིན། ལ་ལའི་སྟེང་དུ་ཁམ་ནག་དང་དབྱིབས་ངེས་མེད་ཀྱི་འཁོར་ལོའི་ཐིག་ལེ་ཆགས་ཤིང་། དཀྱིལ་གྱི་ཤི་སྐམ་གནས་སུ་ནག་ཐིག་ཆུང་ངུ་འབྱུང་། ནད་གཞི་འབྱུང་བའི་རྒྱུ་རྐྱེན་གཙོ་བོ་ནི་ནད་སྲིན་ས་བོན་གྱི་སྟེང་དུ་དགུན་བརྒལ་བྱས་ཏེ་ཆར་རླུང་བརྒྱུད་ནས་མཆེད་པ་ཡིན། སོན་འདེབས་སྔ་དྲགས་པའམ་ཡང་ན་དྲོད་ཚད་དམའ་བའི་གྲང་ངར་གྱི་གནོད་འཚེ་ཐོག་པ་དང་། ས་རྒྱུའི་འབྲུར་བག་ཆེ་དྲགས་པ་དང་བརླན་ཚད་མཐོ་བའམ་ཡང་ན་ཏན་ལུད་རྒྱག་ཚད་མང་བ་དང་སྡོང་ཕང་གི་སྐྱེ་འཚར་རྒྱས་དྲགས་པའི་སྐབས་སུ་ནད་འབྱུང་སླ།

(གཉིས) ཞིང་ལས་འགོག་བཅོས།

ནད་ཚབས་ཆེ་བའི་ཞིང་ཁ་དང་སྲན་རིགས་མིན་པའི་སྔོ་ཚལ་གཉིས་ལོ2~3ལ་རེས་འདེབས་བྱེད་པ་དང་། དུས་མཚུངས་སུ་ས་བོན་ལ་དུག་སེལ་བྱེད་དགོས་

ཤིང་། ཆུ་འཁྱགས་པའི་ནང་དུ་ཆུ་ཚོད4~5སྦངས་རྗེས། དྲོད་ཚད50℃ཡིན་པའི་ཆུ་དྲོན་མོའི་ནང་དུ་བཞག་ནས་སྐར་མ5སྦངས་རྗེས། གྲང་བཟོ་དང་བསིལ་སྐམ་བྱས་མཐར་ཚྭ་འདེབས་བྱེད་དགོས། འོས་འཚམ་སྐོམ་མཐུག་འདེབས་བྱས་ཏེ་ཟླ་ཡུད་ཁ་སྔོན་རྒྱག་དགོས།

(གསུམ) སྨན་གྱིས་འགོག་བཅོས།

ནད་ཕོག་པའི་ཐོག་མའི་དུས་སུ་བརྒྱ་ཆ50%ཡི་མུ་ཟེ་འཕྲོ་སྨན་པའི་ཡིས500དང་། 75%པའི་ཙུན་ཆེན་བརླན་གཤེར་རང་བཞིན་གྱི་སྨན་ཕྱེ་པའི་ཡིས600གཏོར་དགོས། ཉིན7རེ་བཞག་སྟེ་ཐེངས1གཏོར་བ་དང་བསྟུད་མར་ཐེངས2~3གཏོར་དགོས།

ས་བཅད་གཉིས་པ། སྲན་ནག་གི་འབྲུ་སྐྱོན་གཙོ་བོའི་འགོག་བཅོས།

སྲན་ནག་གི་འབྲུ་སྐྱོན་ལ་རིགས་ཙུང་མང་སྟེ། ལོ་མའི་ཚལ་གྱི་རིགས་དང་པད་ཁ། ལོ་ཏོག་གཞན་དག་བཅས་ལ་གནོད་པའི་གནོད་འབུ་ཁ་ཤས་ཀྱིས་ཀྱང་སྲན་ནག་ལ་གནོད་འཚེ་གཏོང་བ་དང་། གནོད་འཚེ་ཚབས་ཆེན་བཟོ་བའི་གནོད་འབུ་ནི་སྐྱེ་དངོས་གནོད་འབུ་དང་ལོ་མའི་སྦྲང་ནག སྲན་མའི་གནོད་འབུ། ལོ་མ་འཁྲིལ་བའི་ཕྱེ་ལེབ་ཆུང་བ། ས་འབུ་མགོ་སེར། ས་འབུ་དཀར་པོ་སོགས་ཡོད། མཚོ་སྔོན་དུ་སྲན་ནག་ལ་སྐྱེ་དངོས་གནོད་འབུ་དང་ལོ་མའི་སྦྲང་ནག ཕྱེ་མ་ལེབ་ཆུང་བ་བཅས་གསུམ་གྱི་འབྲུ་སྐྱོན་ཡོངས་ཁྱབ་ཏུ་བྱུང་ནས་གནོད་པ་ཚབས་ཆེན་ཐེབས་བཞིན་ཡོད།

གཅིག སྲན་ནག་གི་སྐྱེ་དངོས་གནོད་འབུ།

སྲན་ནག་གི་སྐྱེ་དངོས་གནོད་འབུ་ལ་གཤོག་ཡོད་དང་གཤོག་མེད་སྐྱེ་དངོས་གནོད་འབུ་གཉིས་ཡོད། གཤོག་ཡོད་སྐྱེ་དངོས་གནོད་འབུའི་ལུས་ཀྱི་རིང་ཚད་ལ་ལི་སྨི0.5ཡོད་པ་དང་གཡུ་མདོག་ཡིན། ཚོམ་མིག་དམར་མདོག་ཡིན་ལ་རྐང་པ་ཐྲ་

ཞིང་རིང་། ཕྲུ་རྭ་དང་རྐང་པའི་མཇུག་སྣེ་ཁམ་ནག་ཡིན། གཤོག་མེད་སྐྱེ་དངོས་གནོད་འབུ་ནི་གཡུ་མདོག་དང་ལུས་པོའི་རིང་ཚད་ལ་ལི་སྨི0.45~0.5ཡོད། འབུ་དར་མས་སྒོ་ང་ནི་འབུ་སུ་ཏང་ངམ་སྔོ་གསེར་ཆེན་དང་རྩྭ་འདབ་གསུམ་མ་སོགས་རྩི་ཤིང་སྟེང་དུ་གཏོང་བ་དང་། ཐོག་མར་གཏོང་དུས་སྔོ་སྐྱ་ཡིན་པ་དང་རྗེས་སུ་ནག་པོར་འགྱུར། སྲན་ནག་གི་སྐྱེ་དངོས་གནོད་འབུ་ཡི་སྐྱེ་འཚར་ནུས་ཤུགས་ཆེ་བ་དང་། ཟླ་བ3~11གང་རུང་དུ་སྐྱེ་འཕེལ་སྐྱེ་འཚར་འབྱུང་ཐུབ། སྐྱེ་དངོས་གནོད་འབུ་ཆེ་ཆུང་གིས་ལོ་མ་དང་གཞུང་རྩ་གསར་བ། མེ་ཏོག་གསར་བ། གཤེར་ཁུ་གསར་བ་བཅས་འཛིན་ནས། རྩི་ཤོར་གནོད་པ་བཟོས་ཏེ་ལོ་མ་འཁྱིལ་ཞིང་སེར་པོར་འགྱུར་བ་དང་། ཐ་ན་སྡོང་རྐང་ཡོངས་སྐམ་ནས་ཤི་བའི་སྣང་ཚུལ་འབྱུང་། ཟླ5པའི་ཟླ་མཇུག་ནི་གནོད་པ་ཆེས་ལྷི་བའི་དུས་སྐབས་ཡིན།

སྲན་ནག་གི་སྐྱེ་དངོས་གནོད་འབུའི་གནོད་འཚེའི་ཆེ་ཆུང་ནི། འབུ་འགོས་སྡོང་རྐང་གི་ཚད་དང་འབུ་ཁའི་གྲངས་ཚད་ལ་བརྟག་དཔྱད་བྱས་པ་བརྒྱུད་ནས་ལྷི་ཡང་འབྲིང་བཅས་རིམ་པ་གསུམ་དུ་དབྱེ་བ་ཡིན། འགོག་བཅོས་བྱེད་ཐབས་ནི། 10%པེ་ཁྲུང་ལིན་སྦྲིས་མ་པའི་ཡིས2000~3000སྦྱིད་ནས་འགོག་བཅོས་བྱེད་དགོས།

གཉིས། སྲན་ནག་གི་ལོ་མའི་སྦྲང་ནག

སྲན་ནག་གི་ལོ་མའི་སྦྲང་ནག་དར་མ་ནི་མདོག་ཁམ་ནག་ཡིན་པ་དང་ལུས་པོའི་རིང་ཚད་ལ་ལི་སྨི0.18~0.27ཡོད། མགོ་ནི་ཁམ་མདོག་དང་ཁམ་དམར་ཡིན། གྲང་ཁོག་འབུར་ཞིང་གསུས་པའི་མདོག་སྐྱ་ནག་ཡིན། སྒོ་ང་ལོ་མ་གསར་བའི་རྒྱབ་ཀྱི་ཕྱི་ཤུན་གྱི་ཕུང་གྲུབ་སྟེང་དུ་ཐོར་གཏོང་བྱེད་པ་དང་། སྒོ་ང་གཏོང་སར་མདོག་དཀར་པོའི་ཐིག་ལེ་ཆུང་དུ་མཐོང་ཐུབ། སྒོ་ང་ནི་འཛོང་དབྱིབས་རིང་པོ་ཡིན་པ་དང་རིང་ཚད་ལ་ཏ་ལམ་ལི་སྨི0.03ཡོད་ཅིང་སྐྱ་བོ་ཐལ་མདོག་དང་ཕྱི་ངོས་སུ་གཉེར་མ་ཡོད། ནར་སོན་པའི་འབུ་ཕྲུག་གི་ལུས་པོའི་རིང་ཚད་ལ་ལི་སྨི0.29~0.34

ཡོད་པ་དང་སྐྲུག་འབུའི་དབྱིབས་ཏེ། ཐོག་མར་ངང་སྐྱའི་མདོག་དང་རྗེས་སུ་མདོག་སེར་སྐྱར་གྱུར་ནས་ལོ་མའི་ཕུང་གྲུབ་ནང་དུ་འབུ་ཐུམ་དུ་འགྱུར་བ་དང་། འབུ་ཐུམ་གྱི་མགོ་ཆུང་ཞིང་གསུམ་པའི་སྣེ་གསེག་ནས་སློམས་པོར་བཅད་པ་ཇི་བཞིན་དུ་སྣང་ལ། རིང་ཚད་ལ་ལི་སྨི0.22~0.26དང་ཞེབ་མོ་སྒོང་དབྱིབས་སུ་མངོན་ཞིང་། ཐོག་མར་སེར་པོ་ཡིན་པ་དང་རྗེས་སུ་མདོག་ཁམ་སེར་རམ་ཁམ་ནག་ཏུ་འགྱུར། ལོ་གཅིག་ལ་ཚེ་རབས་མང་པོ་འབྱུང་བ་དང་དགུན་དུས་དགུན་སྒྲོལ་བྱེད་ཅིང་། ཕྱི་ལོའི་ཟླ་དང་པོར་འབུ་ཏུ་གྱུར་ནས་འབུ་དར་མར་འགྱུར། ཟླ3~4པ་དྲོད་ཚད་ཅུང་ཟད་ཇེ་མཐོར་སོང་བ་དང་བསྟུན་ནས་འཕོར་ཆེན་འབྱུང་བ་དང་། ཟླ5པའི་རྗེས་སུ་དྲོད་ཚད་ཇེ་མཐོར་སོང་ནས་འབུ་གྲངས་ཇེ་ཉུང་དུ་འགྲོ་བ་ཡིན། འབུ་ཆུང་གིས་ལོ་མའི་ཕྱི་ཤུན་སྙིང་གི་ལོ་མའི་ཤ་ཟོས་ནས་ཀྱག་ཀྱོག་གི་འབུ་ལམ་སེར་སྐྱ་ཆགས་པ་དང་། གནོད་སྐྱོན་ཕོག་པའི་སྟོང་རྐང་གི་ལོ་མ་སྐམ་ནས་དཀར་པོར་འགྱུར། ཚབས་ཆེ་བའི་སྐབས་སུ་སྟོང་རྐང་ཧྲིལ་པོ་སྐམ་ནས་ཤི་བའི་སྣང་ཚུལ་འབྱུང་། སྲན་ནག་གི་ལོ་མའི་སྲུང་ནག་གི་གནོད་འཚེ་ཕོག་ཚད་ལ་རིམ་པ4ཡོད་དེ། རིམ་པ0ནི། གནོད་འཚེ་མི་ཐེབས། རིམ་པ1ནི། གནོད་འཚེ་ཕོག་པའི་ལོ་མའི་གྲངས་ཀས་སྤྱིའི་ལོ་མའི་གྲངས་ཀའི1/3མན་ཟིན། རིམ་པ2ནི། གནོད་འཚེ་ཕོག་པའི་ལོ་མའི་གྲངས་ཀས་སྤྱིའི་ལོ་མའི་གྲངས་ཀའི1/3~2/3ཟིན། རིམ་པ3ནི། གནོད་འཚེ་ཕོག་པའི་ལོ་མའི་གྲངས་ཀས་སྤྱིའི་ལོ་མའི་གྲངས་ཀའི2/3ཡན་ཟིན། འགོག་བཅོས་བྱེད་ཐབས་ནི། 90%ཏི་པའི་ཕེ་སྟོང་ཁེ0.5དང་ཆུ་ཏྲིན500བསྲན་ནས་ཞིང་ཁར་གཏོར་ན། འབུ་ཕྲུག་འགོག་བཅོས་ཀྱི་ཕན་འབྲས་བཟང་པོ་ལྡན། ཡང་ན40%ཡི་ལེ་ཀུའོ་ སྤྲིས་མའི་སྨན་རྫས་སྤྱད་ནས་འགོག་བཅོས་བྱས་ཀྱང་ཆོག

གསུམ། སྲན་ནག་གི་ལོ་མ་འཁྱིལ་བའི་ཕྱེ་ལེབ་ཆུང་བ།

སྲན་ནག་གི་ལོ་མ་འཁྱིལ་བའི་ཕྱེ་ལེབ་ཆུང་བ་ནི་གཞོག་སྒྲོའི་སྡེ་དང་འཁྱིལ་

བའི་ཕྱི་ལེབ་ཚན་པའི་ཕྱི་ལེབ་ཆུང་ངུའི་རྒྱུད་ཕལ་བའི་ཕྱི་ལེབ་ཆུང་ངུའི་བྱེ་བྲག་གི་རིགས་ཤིག་ཡིན། འབུ་དར་མའི་ལུས་པོའི་རིང་ཚད་ལ་ལི་སྨི0.56~0.6ཡོད་པ་དང་། སྐྱ་མདོག་དང་ལྷུགས་རིགས་ཀྱི་འོད་མདངས་ལྡན། སྔོ་ངའི་མདོག་ཐལ་སྐྱ་དང་འཛོང་དབྱིབས་ལེབ་མོ་ཡིན། ཚངས་ཐིག་རིང་མོར་ལི་སྨི0.06~0.09དང་ཚངས་ཐིག་ཐུང་ངུར་ལི་སྨི0.04~0.05ཡོད། ཐོག་མར་བཏང་བའི་འབུ་ཕྲུག་ནི་མདོག་མེད་ཅིང་། མགོ་དང་བྲང་རྒྱབ་ཀྱི་མདོག་ནག་པོ་ཡིན། འབུ་ཕྲུག་རྙིང་བ་སེར་མདོག་དང་འབུ་ཐུམ་ལ་ལི་སྨི0.65~0.7ཡོད། འབུ་ཐུམ་ཐོག་མར་འགྱུར་སྐབས་མདོག་ཁམ་སེར་ཡིན་པ་དང་རྗེས་སུ་ཁམ་མདོག་ཏུ་འགྱུར། ས་སྲིན་འཛོང་དབྱིབས་དང་རིང་ཚད་ལ་ལི་སྨི0.8ཡོད། མཚོ་སྔོན་དུ་ལོ་གཅིག་ཏུ་རབས་གཅིག་ཐོན་པ་དང་། འབུ་ཕྲུག་རྙིང་བས་འབུ་གོང་ཆགས་ནས་དགུན་སྐྱོལ་བྱེད་ཅིང་ཕྱི་ལོའི་ཟླ5པའི་ཟླ་སྨད་དུ་དགུན་བརྒལ་གྱི་འབུ་གོང་ནས་ས་ངོས་སུ་གོག་ནས་སླར་ཡང་འབུ་གོང་བཟོ་བ་དང་། སའི་ནང་དུ་འབུ་ཐུམ་དུ་འགྱུར་བ་ཡིན། ཟླ6པའི་ཟླ་སྨད་དུ་འབུ་ཏུ་འགྱུར་བ་དང་ཟླ7པའི་ཟླ་དཀྱིལ་དུ་སྲན་ནག་གི་སྟོང་ཀང་གོང་རིམ་གྱི་ཞབས་སྐྱོར་ལོ་མའི་མདུན་ངོས་དང་རྒྱབ་ངོས་སུ་སྔོ་ང་གཏོང་ཞིང་། ཟླ་སྨད་དུ་འབུ་ཕྲུག་སྐྱེ་བ་དང་འབུ་ཕྲུག་སྲན་ནག་གི་གང་བུའི་ཕྱི་ངོས་ནས་གང་བུའི་གསེབ་ཏུ་འཛུལ་ནས་སྲན་ནག་འབྲུ་རྡོག་ལ་གནོད་འཚེ་བཟོ་བ་ཡིན། མུག་པ་ཐེབས་པའི་སྲན་ནག་གི་འབྲུ་རྡོག་བརྒྱའི་ལྡིད་ཚད20%~35%ཡི་ཇེ་དམའ་རུ་འགྲོ་བ་དང་། སྨུ་གུ་ཐོན་ཚད75%ཇེ་དམའ་རུ་འགྲོ། ཟླ8པའི་ཟླ་དཀྱིལ་དང་ཟླ་སྨད་དུ་འབུ་ཕྲུག་སྨིན་ནས་ས་འོག་ཏུ་འཛུལ་ཞིང་དགུན་རྐལ་བྱེད་པ་ཡིན།

སྲན་ནག་གི་ལོ་མ་འཁྱིལ་བའི་ཕྱི་ལེབ་ཆུང་ངུའི་གནོད་པའི་ཆེ་ཆུང་ནི། འབྲུ་རྡོག་ལ་གནོད་འཚེ་ཐེབས་ཚད་ལ་བརྟག་དཔྱད་བྱས་པ་བརྒྱུད་ནས་རིམ་པ་དབྱེ་བ་ཡིན། འགོག་བཅོས་བྱེད་ཐབས་ནི། འབྲས་བུ་སྨིན་སྔ་བའམ་འབྲིང་རིམ་གྱི་

སོན་རིགས་འདེམ་དགོས། འབུ་ཕྲུག་གིས་གནོད་འཚེ་ཐེབས་པའི་ཐོག་མའི་དུས་སུ། 50%ཡི་ཟེ་སྐྱུར་སྦྲིས་པའི་སྨན་རྫས་ཞིང་ནང་དུ་གཏོར་བ་སོགས་ཀྱི་བྱེད་ཐབས་སྤྱད་དེ་འགོག་བཅོས་བྱེད་དགོས།

བཞི། སྦྲང་ནག

(གཅིག) ནད་འབྱུང་བའི་ནད་རྟགས།

སྲན་མའི་གཞུང་རྐང་གི་སྦྲང་ནག་ནི་གཤོག་པ་གཉིས་ཅན་གྱི་སྦྲང་ནག་ཚན་གྱི་སྦྲང་ནག་ཁོངས་ཀྱི་གནོད་འབུ་ཞིག་ཡིན་ལ། ཁྱབ་ཁྱོན་ཅང་ཆེ་བའི་མུག་པའི་འབུ་སྐྱོན་ཡིན། གཙོ་བོར་སྲན་རིགས་ཀྱི་ལོ་ཏོག་ལ་གནོད་པ་དང་། ཐོག་མར་སྔོང་ཐོར་འབྱུང་བའི་འབུ་ཕྲུག་གིས་ལོ་མའི་རྩ་རིས་དང་ལོ་མའི་ཡུ་བའི་སྦུ་གུ་བརྒྱུད་ནས་གཞུང་རྩ་གཙོ་བོ་བཟའ་བ་དང་། རྐང་མར་ཁག་དང་དང་ཤིང་རྒྱུ་ཁག་མུག་པ་ཡིན། གལ་ཏེ་དུས་ཐོག་ཏུ་འགོག་བཅོས་མ་བྱས་ན་ཐོན་ཚད་ཇེ་ཉུང་དུ་འགྲོ་བ་ཡིན།

(གཉིས) ཞིང་ལས་འགོག་བཅོས།

སོན་འདེབས་ཀྱི་དུས་ཡུན་འོས་འཚམ་བཀོད་སྒྲིག་བྱས་ནས་འབུ་ཆེ་བའི་སྒོ་ང་གཏོང་བའི་དུས་ཚོད་རེས་འཛོམ་བྱས་ན་གནོད་པ་ཇེ་ཆུང་དུ་གཏོང་ཐུབ།

(གསུམ) སྨན་རྫས་འགོག་བཅོས།

དགྲ་བོའི་ཏའེ་ལྔེ་ རྒྱམ་གྱི་ལྡབ1000~1500བར་གྱི་གཤེར་ཁུ་སྦྱོད་དགོས། ཆེན་ཙ་ཙུས་ཀྲི་ལྡབ2000~3000ཡི་གཤེར་ཁུ། 25%ཡི་ཕན་ཆེའི་ཐྲུལ་ལུའུ་ཆེན་ཙུས་ཀྲི་རྒྱམ་ལྡབ1000~1500ཡི་གཤེར་ཁུ་འགོག་བཅོས་བྱེད་དགོས།

ལྔ། ཉ་འབྲར་ལོ་མའི་སྦྲང་ནག

(གཅིག) ནད་འབྱུང་བའི་ནད་རྟགས།

ཉ་འབྲར་ལོ་མའི་སྦྲང་ནག་ནི་གཤོག་པ་གཉིས་ཅན་གྱི་སྡེ་ཡིན་པ་དང་ཉ་འབྲར་ལོ་མའི་སྦྲང་ནག་ཚན་དུ་གཏོགས་པ་དང་། འདི་ལ་པད་ཁའི་ཉ་འབྲར་ལོ་

མའི་སྦྲང་ནག་ཟེར་ཞིང་། མིང་གཞན་ལ་གཞུ་དབྱིབས་ལོ་མའི་འབུ་དང་བཙིར་དབྱིབས་ལོ་མའི་འབུ། ལོ་མའི་སྐྱུག་འབུ་སོགས་ཀྱང་ཟེར། འདི་ནི་བཟའ་ཚད་མང་བའི་གནོད་འབུ་ཞིག་ཡིན། གཞན་བརྟན་རྩི་ཤིང་རིགས130ལྷག་ཡོད། སྟོ་ཚལ་གྱི་རིགས་ལ་གནོད་པ་ཐེབས་པ་གཙོ་བོར་སྦྲན་ནག་དང་རྒྱ་སྦྲན། ལྷམ་འདྲིལ། ཆེན་ཚལ། ལ་ཕུག པད་ལོག་སོགས་ཡོད།

(གཉིས) ཞིང་ལས་འགོག་བཅོས།

སྟོ་ཚལ་བཏང་བསྡུ་བྱས་རྗེས་དུས་ཐོག་ཏུ་ཞིང་ཁའི་སྟོང་རྐང་གི་ནད་རོ་དང་རྩྭ་ལྷམ་མེད་པར་བཟོ་བ་དང་། མེར་བསྲེགས་པ་དང་ལུད་བསྐྱལ་ནས་ཞིང་ཁའི་འབུ་རིགས་ཀྲུང་བའི་ཛོ་གྲངས་ཇེ་ཉུང་དུ་གཏོང་དགོས།

(གསུམ) རྫས་འགྱུར་འགོག་བཅོས།

ནུས་པ་ཐོན་འཕྲོ་ཐུང་བ་དང་། འོད་འཕྲེད་སླ་བ་དང་ཆུ་འཕྲེད་སླ་བའི་སྨན་རྫས་འདེམས་དགོས། དེ་མིན་འབུ་ཕྲུག་ཉ་འབྱར་ལོ་མའི་སྦྲང་ནག་གིས་གནོད་པས། སྨན་སྦྱོད་སྐབས་ངེས་པར་དུ་སྣོ་ང་གཏོང་བའི་དུས་ནས་སྣོ་ང་རྡུམ་པའི་ཐོག་མའི་དུས་བར་གྱི་གནད་འགག་གི་དུས་སྐབས་དམ་འཛིན་བྱེད་དགོས། མེ་ཏྲ་ཕི(21%ཕན་འཕར་ཆེང་སྣ་སྦྲིས་མ) པའི་ཡིས800དང་། 2.5%ཡི་ཞིའུ་ཆེན་ཙུས་ཀྲིའམ་ཡང་ན20%ཡི་ཆེན་ཙུས་ཀྲིའི་པའི་ཡིས2500 10%ཡི་ཤིའུ་མ་པའི་ཡིས2000 10%ཡི་ཙུས་མ་པའི་ཡིས1500 1.82%ཡི་ཁྲུང་མན་ཀོང་དང1.88%ཧྭའི་ཐུང་ཏྲ་པའི་ཡིས3000~4000གཏོར་དགོས། འགོག་བཅོས་དུས་ཡུན་འཚམ་དུས་སྨན་བརྒྱབ་ན་འགོག་བཅོས་ཀྱི་ཕན་འབྲས་ལེགས་པོར་ཐོན་ཐུབ།